U0279497

在每一处技至精微，让每处心入幽明

软式内镜清洗消毒
实践操作指南

主编
马久红　席惠君
副主编
黄　茜　李　雯　韦　键　惠　娜

上海科学技术出版社

图书在版编目(CIP)数据

软式内镜清洗消毒实践操作指南 / 马久红,席惠君主编.
—上海:上海科学技术出版社,2017.8(2024.1重印)
ISBN 978‐7‐5478‐3669‐9

Ⅰ.①软… Ⅱ.①马…②席… Ⅲ.①内窥镜‐清洗
技术‐指南②内窥镜‐消毒‐指南 Ⅳ.①TH773‐62

中国版本图书馆 CIP 数据核字(2017)第 188191 号

本书中的设备、器械、耗材均因图书编写、操作演示需要而涉及,无广告、宣传、利益目的。

软式内镜清洗消毒实践操作指南
主编 马久红 席惠君

上海世纪出版(集团)有限公司
上海 科 学 技 术 出 版 社 出版、发行
(上海市闵行区号景路 159 弄 A 座 9F‐10F)
邮政编码 201101 www.sstp.cn
上海当纳利印刷有限公司印刷
开本 889×1194 1/32 印张 4.5
字数:90 千
2017 年 8 月第 1 版 2024 年 1 月第 5 次印刷
ISBN 978‐7‐5478‐3669‐9/R·1417
定价:68.00 元

本书如有缺页、错装或坏损等严重质量问题,
请向工厂联系调换

内容提要

本书以国家卫生和计划生育委员会颁布的《WS507－2016软式内镜清洗消毒技术规范》为蓝本,参考国内外行业学会相关内镜清洗消毒指南,引入内镜相关医院感染控制领域新观点、新方法,力求做到结合临床实际,促进内镜清洗消毒实践操作的制度化、标准化、规范化。

本书内容涵盖内镜清洗消毒室(中心)环境布局,胃肠镜清洗消毒流程,特殊结构内镜如十二指肠镜、超声穿刺镜、双腔道内镜的清洗消毒流程,内镜自动清洗消毒机操作流程,内镜相关附件处理流程,内镜储存与保养,诊疗结束后的环境、设备、管道终末处理流程,内镜清洗消毒效果监测流程等。

本书采用文、图、视频相结合的复合出版形式,每个操作流程均附有相应的视频,扫二维码即可观看视频,读者可以直观地学习、认识相关规程。本书注重规范与实践相结合,对清洗消毒流程进行细致入微的解析,是一本具有实践指导意义、系统全面的内镜清洗消毒专著。

呵护生命 远离感染

扫 码 观 看

编写委员会名单

主编

马久红（南昌大学第一附属医院消化内科）

席惠君（第二军医大学附属长海医院消化内科）

副主编

黄　茜（南昌大学第一附属医院消化内科）

李　雯（南京大学医学院附属鼓楼医院消化内科）

韦　键（首都医科大学附属北京友谊医院消化分中心）

惠　娜（第四军医大学附属西京医院消化内镜中心）

编委

南昌大学第一附属医院消化内科(按汉语拼音排序)：

蔡　挺　龚　琳　何怀纯　刘林林　闵　琴

彭春艳　万小雪　阳桂红　张　勋　张燕霞

第二军医大学附属长海医院消化内科：

傅增军　方爱乔

第二军医大学附属长海医院门诊部：

周小玲

云南省第一人民医院消化内镜中心

娄兴旖

主审

刘运喜（中国人民解放军总医院感染管理与疾病控制科）

邢玉斌（中国人民解放军总医院感染管理与疾病控制科）

顾问

张澍田（首都医科大学附属北京友谊医院消化分中心）

李兆申（第二军医大学附属长海医院消化内科）

吕农华（南昌大学第一附属医院消化内科）

陈幼祥（南昌大学第一附属医院消化内科）

组编单位

南昌大学第一附属医院

第二军医大学附属长海医院

中华医学会消化内镜学分会护理协作组

全军医院感染管理质量控制中心

江西省护理学会消化内镜护理专业委员会

序言一

　　消化内镜已广泛应用于各级医院,而随着内镜成像及辅助治疗技术的日益进步,它已从单纯的诊断工具逐步演变为兼具精细化诊断及精准治疗的微创手术器械,在消化系统疾病的诊疗工作中扮演了重要角色。与此同时,多领域的临床应用、复杂多变的内镜结构也对消化内镜的清洗消毒与维护保养工作提出了更高的要求。因此,建立、推广规范化的内镜清洗消毒技术,全面提升内镜感染风险意识是目前内镜发展过程中亟待解决的问题,也是广大同行一直在思考、探索的问题。

　　作为内镜清洗消毒工作的管理者与执行者,内镜护士在整个清洗消毒过程中占据核心地位,对于内镜清洗消毒标准化流程实施以及内镜维护保养有着极重要的责任。本书依托中华医学会消化内镜学分会护理协作组,集国内多家具有地区代表性的各级医院护理专家及感染控制专家之合力,深入解读《WS507-2016 软式内镜清洗消毒技术规范》,以期助力规范化内镜清洗消毒流程的推广与实施。同时本书结合著者丰富的实践经验,全面系统论述了内镜清洗消毒法规和操作要点,并配有内镜清洗消毒操作视频,重点突出,图文并茂,有助于读者更好地理解和掌握内镜清洗消毒规范,是广大内镜护理人员尤其是内镜清洗消毒工作人员不可缺少的实用手册。

2017 年 5 月

序言二

随着软式内镜的功能不断增强,其所带来的感染风险也不断升高,美国发布从 2015 年到 2017 年影响患者安全的十大医疗事件中,软式内镜清洗消毒的有效性就位列其中。近年来国内外针对软式内镜清洗消毒标准的不断提高,使得内镜清洗、消毒与灭菌成为医院感染预防与控制的关注重点。

值此《WS507-2016 软式内镜清洗消毒技术规范》即将实施之际,由南昌大学第一附属医院马久红护士长和第二军医大学附属长海医院席惠君总护士长主编的《软式内镜清洗消毒实践操作指南》脱稿付梓。著者收集、汇总了大量国内外内镜清洗消毒相关文献资料,结合临床实践,以《WS507-2016 软式内镜清洗消毒技术规范》为蓝本,全面地阐述了内镜清洗消毒及管理的方方面面,尤其是对常见问题的处理方法进行了详细论述。

全书内容全面系统,涵盖内镜清洗消毒环境布局、清洗消毒流程、附件处理流程、储存流程、诊疗结束后的环境设备处理流程及内镜清洗消毒效果监测等,并配有大量的图像和视频。在完善和优化内镜清洗消毒流程方面做了大量的工作,完整地阐述了内镜清洗消毒相关规范与细节,可作为我国内镜护理人员和清洗消毒工作人员的临床操作指南。相信本书的出版对我国内镜清洗消毒水平的提高具有极大的促进作用。

刘运喜

2017 年 5 月

前　言

　　随着软式内镜微创诊疗在国内各大内镜中心(室)的蓬勃发展,各类与内镜诊疗相关的新规范、新理念、新技术层出不穷,对内镜护理工作人员提出了更高的要求。近年来,美国发生了十二指肠内镜特大耐药菌感染事件,引起了全球对软式内镜诊疗安全的关注,自2015年起,内镜清洗消毒质量也成为影响全球患者安全的十大事件之一。内镜清洗消毒作为防治感染的第一线,如何高效规范地为内镜诊疗保驾护航,是恒久不变的主题。软式内镜的清洗消毒是内镜护理工作的基础,相关的著作虽然不少,但多数都是根据清洗消毒流程和重点环节进行讲解,能够做到覆盖多种内镜类型、每一步都有详细图片配合文字说明的图书则是凤毛麟角。2016年12月国家卫生计生委颁发《WS507－2016软式内镜清洗消毒技术规范》,对内镜清洗消毒和内镜室的感染控制管理提出了更高的要求和标准,因此,我们组织编写了本书,严格根据新规范的框架和内容进行详细的讲解,期望能够为广大内镜感染控制从业人员提供一部标准化、系统化、可操作化的图书用于学习及参考。

　　本书有三大特点:首先是**新**,以最新颁布的《WS 507－2016软式内镜清洗消毒技术规范》为基础,在严格遵循规范的基础上,总结了最新最全的各大内镜中心的临床管理经验。第二大特点为:**全**,本书为9章,包括内镜清洗消毒室(中心)环境布局,内镜清洗消毒物品准备,内镜清洗消毒人员防护要求,内镜手工清洗消毒操作流程,内镜自动清洗消毒机操作流程,内镜相关附件处理流程,内镜储存与保养,诊疗结束后的环境、设备及管道终末处理流程和内镜清洗、消毒质量监测的内容。不仅有不同软式内镜的清洗消毒(除了常规的胃镜、肠镜,还有十二指肠镜、双腔镜等),而且对内镜清洗和消毒的质量监测的方法和步骤有细化说明。最后是:**实**,本书采用了图文结合方式,每一步均有详细的图片说明,全书共有高清图 290 余幅;随书有对应的操作视频,对实际操作有更好的指导效果,对临床应用更加具有实用性。

本书内容新颖、图文并茂、资料翔实,旨在指导内镜工作人员掌握规范化的软式内镜清洗消毒技能,提高内镜清洗消毒质量的监控水平,推动《WS 507 - 2016 软式内镜清洗消毒技术规范》的正确理解和全面落实。促进我国内镜清洗消毒水平的不断提高以及内镜事业的发展,更好地为人民健康服务。

本书是在认真研读和理解《WS507 - 2016 软式内镜清洗消毒技术规范》,广泛参阅国内外相关文献,总结多家内镜中心临床经验的基础上,众多内镜护理老师的倾心力作,对给予本书编写及出版大力支持的中华医学会消化内镜学分会护理协作组、全军医院感染管理质量控制中心、江西省护理学会消化内镜护理专业委员会及全国诸多内镜中心的各位专家和老师,在此深表谢意,特别要感谢张澍田院长、李兆申主任、刘运喜主任对本书的指导和帮助。

在编写此书的过程中,为确保其准确性、规范性,我们组织了国内多位知名的内镜护理、感控、内镜设备相关专家,进行了多次的修改和审阅,希望能尽可能减少认知误区。尽管我们在编写过程中认真讨论和学习新规范,并参阅了大量的国内外最新期刊及专著,但由于编者的能力、学识和经验有限,本书在许多方面仍存在诸多不足,谨请读者指正。

学无止境,软式内镜的感染控制,需要内镜人的保驾护航。让我们携手并进,扬帆起航!

席惠君　马久红

2017 年 5 月

目　录

第一章

内镜清洗消毒室(中心)
环境布局与管理

1. 整体布局

(1) 清洗消毒室应独立设置,与内镜诊疗操作区分开,面积与清洗消毒工作量相适应(图1-1)。

图1-1 一体化内镜清洗消毒中心

(2) 内镜转运分污染与清洁通道。污染内镜由污染通道转运至清洗消毒室,消毒内镜由清洁通道转运至内镜诊疗室,避免在转运过程中对环境及内镜产生二次污染。

(3) 遵循工作流程对清洗消毒室进行相对分区:清洗区、消毒区、干燥区等(图1-2),路线由污到洁,避免交叉、逆行。

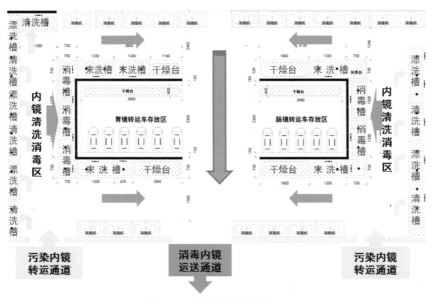

图 1-2　内镜清洗消毒室分区

2. 管理方法

可采用 6S(整理、整顿、清扫、清洁、素养、安全)管理理念,通过"流程图—色彩—6S"管理方法,对清洗消毒室物品设施进行管理。

(1) 仪器设备定位、定点、定量放置(图 1-3),定期维护保养,各工作区域根据仪器设施内容张贴相应操作流程及注意要点(图 1-4～6)。

图 1-3　内镜清洗消毒机定位、定点、定编号放置

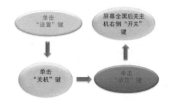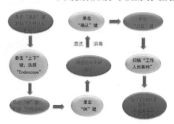

图 1-4　内镜清洗消毒追溯电脑关机流程　　　　图 1-5　内镜清洗消毒机操作流程

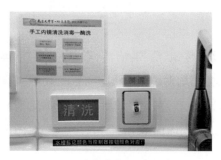

图 1-6　内镜清洗步骤操作流程

（2）利用色彩标识实现各内镜清洗消毒槽与控制面板区域相对应(图1-7,图1-8)。

图1-7　内镜清洗槽槽体黄色色彩标识　　**图1-8　内镜清洗槽控制面板黄色色彩标识**

（3）对清洗消毒重点步骤及注意事项张贴提示标识,如:清洗剂一用一更换,清洗剂配比剂量及水位线等(图1-9~12)。

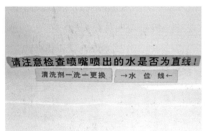

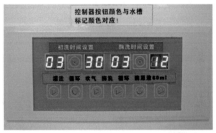

图1-9　清洗剂一用一更换/清洗槽水位线　　**图1-10　清洗槽控制面板清洗剂剂量**

图 1-11　消毒剂上限、下限

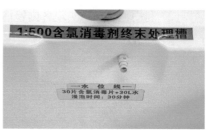

图 1-12　诊疗结束后物品终末处理消毒槽

（4）根据内镜种类进行分类,使用色彩标示进行管理,易辨认(图 1-13～19)。

图 1-13　黄色胃镜标签

图 1-14　蓝色肠镜标签

图 1-15　橙色十二指肠镜标签

图 1-16　绿色蓝激光内镜标签

图 1-17　粉色超声内镜标签

图 1-18　储存库内镜分区标签

图 1-19　十二指肠镜专用清洗消毒机

（5）设置十二指肠镜内镜清洗消毒机，并进行标识。

（6）根据功能及分类，对内镜转运车进行相应的色彩标识管理（图 1-20～25）。

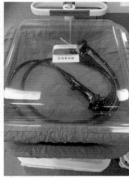
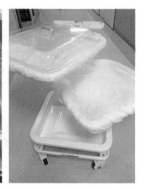

图 1 - 20　污染内镜转运车　**图 1 - 21　消毒内镜转运车**　**图 1 - 22　3层可旋转式内镜转运车**

图 1 - 23　胃镜转运车　　　　　　　**图 1 - 24　肠镜转运车**

建议转运车每层大小为：
长×宽＝90 cm×90 cm。

图 1 - 25　特殊内镜转运车

3. 通风要求

(1) 清洗消毒室以自然通风为最佳,定时打开门窗自然通风,可有效减少室内空气中微生物、有害化学物质等。

(2) 自然通风不良时可采用机械通风方式,同时使用排风装置,采取"上送下排"进行通风换气,换气次数宜达到 10 次/小时,最小新风量宜达到 2 次/小时。新风系统引进室外新鲜空气,可降低室内化学污染物浓度,提升清洗消毒室空气质量。

(3) 在消毒槽槽体适当位置设置强制排气口(通风要求为负压抽吸排风)(图 1-26,图 1-27)。

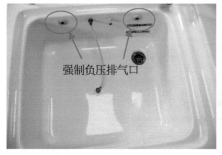

强制负压排气口

图 1-26　消毒槽上方强制负压排气口　　图 1-27　消毒槽下方负压排风管

 注 意

★ 每日开始工作前先通风 30 分钟,可有效降低夜间消毒液挥发出的有害气体。

4. 水质要求

《WS507 - 2016 软式内镜清洗消毒技术规范》

5.3.11 a)应有自来水、纯化水、无菌水。自来水水质应符合 GB 5749 的规定。纯化水应符合 GB 5749 的规定。并保证细菌总数≤10 CFU/ 100 ml;生产纯化水所使用的滤膜孔径应≤0.2 μm,并定期更换。无菌水为经过灭菌工艺处理的水。清洗、漂洗用水可采用自来水,终末漂洗用水应使用纯化水或无菌水。

纯化水细菌内毒素≤0.25 EU/ml。

图 1 - 28　纯化水储水罐

图 1 - 29　内镜终末漂洗水过滤系统压力表装置

5. 内镜清洗消毒室(中心)环境布局与管理视频 ——

见视频1。

视频 1 　 　 　 　 　 　 扫 码 观 看

第二章

内镜清洗消毒物品准备
（以 Olympus 内镜为例）

1. 床旁预处理物品

(1) 床旁预处理用清洗液：内镜清洗剂根据产品使用说明书按比例配制于专用桶内(图 2-1)。

图 2-1　床旁预处理
专用桶

图 2-2　床旁预处理专用纱布碗

(2) 床旁预处理纱布：清洗剂按比例配制后浸湿纱布，一用一更换(图 2-2)。

(3) 量杯/50 ml 注射器：用于床旁预清洗液的配制。

(4) 送气/送水管道清洗接头：Olympus MH-948(图 2-3)。

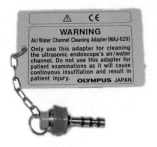

图 2-3　送气/送水管道清洗
接头

 注 意

★ 酶清洗剂适用温度为 25～45 ℃，
不可过高或过低，以免影响清洗剂
活性。

2. 测漏仪器

内镜保养装置和测漏器(图 2 - 4)：Olympus MU - 1, Olympus MB - 155。

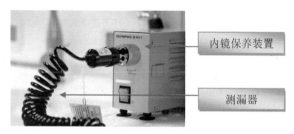

图 2 - 4　内镜保养装置和测漏器

3. 清洗物品

(1) 管道清洗刷：Olympus BW - 20T(图 2 - 5)，刷毛直径 4.2 mm，长 220 cm，适用于直径为 2.0～4.2 mm 腔道的内镜。

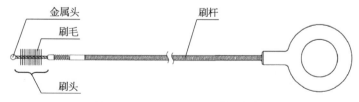

图 2 - 5　Olympus BW - 20T 管道清洗刷

(2) 管道开口清洗刷：Olympus MH - 507(图 2 - 6)。

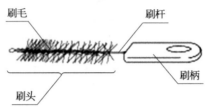

图 2-6　Olympus MH-507 管道清洗刷

(3) 小毛刷(图 2-7)：Pentax CS-C9S,两端为刷头,大头端直径为 10 mm,小头端直径为 5 mm。

(4) 牙刷(图 2-8)：成人软毛塑料牙刷。

图 2-7　Pentax CS-C9S 毛刷　　　　　　图 2-8　软毛塑料牙刷

(5) 灌流管：Olympus MH-946,槽体灌流连接管道(图 2-9)。

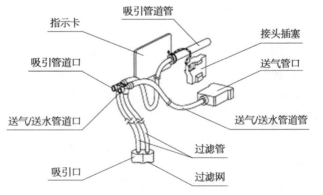

图 2-9　Olympus MH-946 灌流管

　　(6) 冲洗管：Olympus MH-974，用于抬钳器管道和副送水管道的清洗消毒(图 2-10)。

冲洗管(MH-974)

图 2-10　Olympus MH-974 冲洗管

　　(7) 管道塞：Olympus MH-944(图 2-11)。

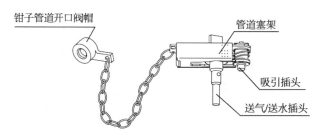

图 2-11　Olympus MH-944 管道塞

　　(8) 纱布垫/纱布(图 2-12)：纱布垫为大小 20 cm×15 cm 的 4 层纱布，高压灭菌备用，一用一更换。

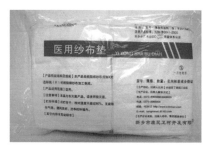

图 2-12　纱布垫

　　★ 正确选择清洗刷，刷毛直径不能过大或过小，必须充分接触管壁。

(9) 10 ml 注射器,20 ml 注射器。

(10) 内镜清洗剂:根据产品使用说明书按比例配制,现配先用,一用一更换。

4. 漂洗物品

(1) 医用压力水枪(图 2 - 13)。

(2) 医用压力气枪(图 2 - 13):安装有空气过滤器,使用洁净压缩空气。

(3) 纱布垫/纱布:一用一更换。

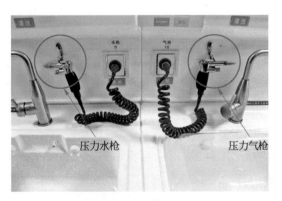

图 2 - 13 压力水枪、压力气枪

★ 不同厂家生产的压力气枪或水枪压力要求有所不同,须根据产品说明书进行设定。一般气压或水压不得超过 0.5 MPa(5 kgf/cm², 71 psig),压力过高会导致内镜损坏。

5. 消毒物品

（1）内镜专用消毒剂：品牌及种类不同，消毒灭菌时间不同，需根据产品说明书使用。

（2）消毒剂浓度测试条（图 2‐14）：品牌及种类不同，测试方法及结果观察时间不同，需仔细阅读产品说明书，按产品说明书进行浓度监测。

（3）倒计时器（图 2‐15）。

（4）10 ml 注射器，20 ml 注射器。

图2‐14　消毒剂浓度测试条　　　图2‐15　倒计时器

6. 终末漂洗

（1）10 ml 注射器，20 ml 注射器。

（2）纱布垫/纱布：一用一更换。

（3）压力水枪。

图 2-16　内镜喷淋式清洗
槽示意图

图 2-17　内镜喷淋式清洗槽

可采用喷淋式清洗槽装置：以流量水泵为依托，槽体中央及侧面均安装有旋转喷淋装置，水可从喷淋头集中射出，均匀覆盖内镜所有外表面。使用时将内镜放入槽内，连接灌流器后，启动喷淋装置，无需手工擦洗即可实现内镜的自动漂洗。

7. 干燥物品

(1) 压力气枪。

(2) 弯盘：高压蒸汽灭菌或一次性使用无菌弯盘。

(3) 超细纤维毛巾：高压蒸汽灭菌，4 小时更换，必要时立即更换。

常用 75% 乙醇溶液。

(4) 75%～95% 乙醇或异丙醇。

(5) 全管道灌流器(专用于乙醇溶液灌注)。

(6) 纱布垫/纱布：一用一更换。

8. 内镜清洗消毒物品准备视频

见视频2。

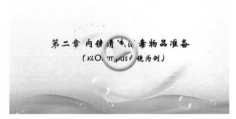

视频2　　　　　　　　扫码观看

第三章

内镜清洗消毒人员防护要求

1. 个人防护

进入清洗消毒室均应做好个人防护,防护用品包括:口罩、帽子、手套、防水围裙、防水袖套、防护面罩或护目镜、防水鞋等(图3-1,图3-2)。

图3-1 进入清洗消毒室前需正确着装

图3-2 规范着装后从事清洗消毒工作

  注意

★ 帽子宜使用一次性无菌医用帽;防水围裙和防水袖套可有效阻隔水、血液及其他污染物。

2. 个人防护用品的更换及处理

(1) 由污到洁的操作应更换手套,操作中手套有破损应立即更换。

(2) 防水围裙、防水袖套应定期更换,如有渗漏或破损时应立即更换。

（3）防护面罩或护目镜每日使用后应清洗、消毒、晾干，可使用含有效氯 500 mg/L 的消毒液消毒。

（4）脸部如被污染物或消毒液喷溅时，须立即用流动水充分清洗。

（5）刷洗时尽量在清洗液液面下进行，防止液体飞溅。

3. 内镜清洗消毒人员防护要求视频

见视频 3。

视频 3　　　　　　　　扫 码 观 看

第四章

内镜手工清洗消毒操作流程

 # 胃肠镜手工清洗消毒操作流程

胃镜、肠镜、小肠镜等结构大致相似,清洗消毒方法相同,本章以带有副送水管道的 Olympus Q260J 型胃镜的清洗消毒方法为例。

1. 床旁预处理

目的:加强水气管道的预处理,清除内镜表面及管道内污物。

(1) 内镜诊疗完毕后立即用床旁预处理纱布擦拭整个插入部,按照从操作部保护套至先端部顺序进行擦拭(图 4 - 1)。

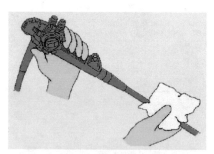

图 4 - 1　含清洗液纱布擦拭内镜插入部

(2) 将光源送气调节按钮设至"OFF"(关闭)处,拔下送气/送水按钮,安装送气/送水管道清洗接头。打开送气调节钮,按下送气/送水管道清洗接头时,由送气/送水管道同时送水,未按下送气/送水管道清洗接头时将持续送气(图 4 - 2~4)。

AW管道清洗接头
(MH-948)

图4-2 内镜专用送气/送水
管道清洗接头

图4-3 安装内镜专用送气/送
道清洗接头

图4-4 内镜先端部可见气泡持续
溢出

注意

★ 为防止送气/送水喷嘴堵塞,有效
地冲洗送气/送水管道,每次使用后
宜更换送气/送水管道清洗接头对
送气/送水管道进行床旁预处理。

(3) 内镜先端部放入床旁装有清洗液的容器中,启动吸引功能抽吸清
洗液,同时按压送气/送水按钮和吸引按钮至少10秒(图4-5~7)。

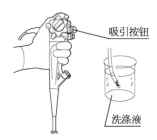

图4-5 按压并吸引清洗液

图4-6 吸引按钮位置

图 4 - 7　同时按压送气/送水按钮和吸引按钮

（4）关闭主机电源,退出注气注水瓶接头,拔除吸引管,分离内镜电缆,将内镜与主机撤离,安装防水盖,放入污染转运车内(图 4 - 8～12)。

图 4 - 8　关闭光源

图 4 - 9　退出注气注水瓶接头

图 4 - 10　拔除吸引管

图 4 - 11　旋转分离内镜电缆接头

图4-12 内镜与主机撤离

(5) 盖上污染转运车车盖,送入清洗消毒室进行清洗消毒(图4-13)。

图4-13 污染内镜置于污染内镜转运车

2. 测漏

目的:为避免内镜破损造成分泌物、污染物、水等通过泄漏处进入内镜内部,腐蚀电子元器件及角度钢丝,并为微生物的繁殖提供环境,需在每次清洗前对内镜进行测漏。

建议：治疗内镜检查结束后立即测漏。

使用信息化内镜追溯系统，对内镜测漏情况进行记录。条件有限时也可手工记录。以下各步骤相同。

《WS507－2016软式内镜清洗消毒技术规范》

6.1.4 a) 内镜使用后应按以下要求测漏：1)宜每次清洗前测漏；2)条件不允许时，应至少每天测漏一次。

(1) 开启保养装置和测漏器：连接保养装置和测漏器，打开电源。

(2) 检查测漏器和内镜通气接头：检查测漏器接头是否磨损，用手轻按测漏器接头内插脚，确认测漏器空气排出正常。检查测漏器接头帽和内镜通气接头是否彻底干燥，否则组件表面的水会进入内镜，导致内镜损坏(图4-14，图4-15)。

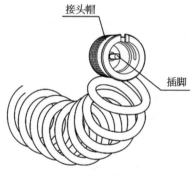

图4-14 测漏器接头帽及插脚

图4-15 检查测漏器排气功能

(3) 检查并充气：检查防水盖是否盖紧，将测漏器接头帽连接至防水盖通气接头上，确认充气后观察内镜先端弯曲部膨胀情况(图4-16～18)。

图 4 - 16　检查先端部橡皮是否膨胀

图 4 - 17　未膨胀先端部橡皮

图 4 - 18　膨胀先端部橡皮

注 意

★ 测漏器接头帽须完全拧紧到头;否则可能导致内镜内部无法加压,或液体进入内镜光学传感器,导致不能准确地进行漏水测试。

（4）放入内镜：将内镜放入水槽中,确保内镜完全浸没在水中(图 4 - 19)。内镜盘曲直径需大于 40 cm,无不当叠压。

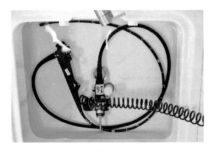

图 4 - 19　内镜完全浸没于水中

注 意

★ 水槽内水位线参考小旋钮卡锁高点。

(5) 注水:《WS507 - 2016 软式内镜清洗消毒技术规范》6.2.2 c)使用注射器向各个管道注水,以排出管道内气体。

(6) 旋转角度控制旋钮并观察(图 4 - 20):在水中旋转角度控制旋钮(上、下、左、右)到最大,观察弯曲部、吸引接头、送气接头、送水接头、管道开口、旋钮处有无连续气泡冒出。

图 4 - 20　弯曲先端部

(7) 检查遥控按钮:在水中依次挤压内镜遥控按钮 1～4 号(图 4 - 21),观察各按钮处有无连续气泡冒出。

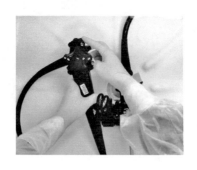

图 4 - 21　挤压内镜遥控按钮 1～4 号

(8) 静置观察：仔细观察内镜先端部、插入部、操作部、连接部等部分有无连续气泡冒出，观察时间需大于 30 秒。

★ 若内镜某处有气泡连续冒出，则此处有破损，水将从此处渗入内镜内部。

★ 内镜浸泡于水中时不可拆卸测漏器接口盖，否则水将进入造成内镜损害。

(9) 取出：测漏结束后，内镜连同测漏器一起取出。

(10) 减压：关闭保养装置电源，拔出连接测漏器插头，等待 30 秒或直到弯曲部橡皮恢复原状（图 4 - 22），取下测漏器。

(11) 记录：记录泄漏情况；如有漏水，需根据漏水部位及气泡逸出情况进行不同处理，并立即与厂家联系送修（图 4 - 23）。

★ 从防水盖上取下测漏器接口之前，务必先将测漏器接头从内镜保养装置上拔出，否则会使内镜非正常减压，导致内镜损坏。

图 4 - 22 先端部橡皮恢复原状

南昌大学第一附属医院消化内镜测漏记录表

时间	内镜编号	内镜型号	诊室	诊室护士	测漏情况	测漏人

续表

时间	内镜编号	内镜型号	诊室	诊室护士	测漏情况	测漏人

图 4 - 23 测漏情况记录表

3. 清洗

有效地清洗是保障内镜消毒质量的前提,应去除所有的黏液、血液、可见污物,降低生物负荷。

使用信息化内镜追溯系统,对内镜清洗消毒每一步骤进行记录。

(1) 扫描记录: 扫描清洗消毒员 ID 卡,记录清洗消毒员信息;扫描内镜 ID 卡,记录内镜信息及开始清洗时间。

（2）配制清洗液并放入内镜：清洗剂按比例配制后（图 4-23），将内镜置于清洗液中（图 4-24），防止由于内镜自身体积导致清洗液配比不准确。

图 4-23　配置清洗液

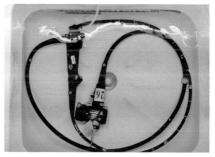

图 4-24　内镜放入清洗液中

（3）擦洗内镜外表面及镜面（图 4-25，图 4-26）：纱布垫螺旋式擦洗内镜外表面。擦洗镜面时需顺着喷嘴方向，以免造成喷嘴堵塞。

图 4-25　纱布垫擦拭内镜外表面

图 4-26　纱布垫擦拭内镜镜面

(4) 连接冲洗管：冲洗管连接到副送水口，用 20 ml 注射器对副送水管道至少冲洗 4 次(80 ml)，直至无肉眼可见污物流出。

注 意

★ 不论副送水管道在内镜诊疗过程中有无使用，均应进行严格的清洗和消毒。

图 4-27　连接冲洗管到副送水口

(5) 刷洗注气/注水活塞口、吸引活塞口和钳子管道入口(图 4-28～30)：短毛刷插入注气/注水活塞到底。旋转清洗刷，抽出刷子，并在清洗液中清洗刷毛。重复几次，直到完全除去所有污物及碎屑。同法刷洗吸引活塞口、钳子管道入口。

图 4-28　短毛刷刷洗注气/注水活塞口　　　图 4-29　短毛刷刷洗吸引活塞口

图 4‑30　短毛刷刷洗钳子管道入口

（6）45°角刷洗钳子管道：清洗刷以 45°角插入吸引活塞侧壁的开口，直至刷头从内镜先端部钳子管道出口处伸出，清洗刷毛。拔出清洗刷，注意勿摩擦吸引底座(图 4‑31~34)。可使用

注 意

★ 刷洗时必须两端见刷头，并洗净刷头上污物，防止分泌物或残余组织在回抽清洗刷时带入腔道内。

左手示指及中指覆盖吸引活塞开口，清洗刷从两指间拉出，以保护吸引底座，避免磨损。再次在清洗液中清洗刷毛，反复清洗至无可见污物。

图 4‑31　45°角插入吸引活塞开口

图 4‑32　液面下刷洗

图 4-33　钳子管道出口见毛刷并清洗

图 4-34　拔出清洗刷

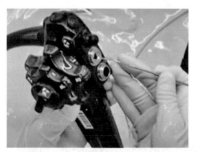

图 4-35　90°角插入吸引活塞开口

（7）90°角刷洗吸引管道：清洗刷90°角插入吸引活塞开口，直至刷头从内镜吸引接头处伸出。清洗刷毛。拔出清洗刷，注意勿摩擦吸引底座（图 4-35～37），方法同上。再次在清洗液中清洗刷毛，反复清洗至无可见污物。

图 4-36　液面下刷洗

图 4-37　吸引接头处见毛刷并清洗

(8) 刷洗钳子管道：清洗刷插入钳子管道入口，直至刷头从内镜先端部钳子管道出口处伸出。清洗刷毛。拔出清洗刷（图4-38，图4-39）。再次在清洗液中清洗刷毛，反复清洗至无可见污物。

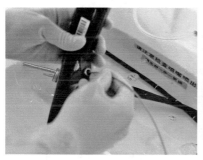

图4-38 刷洗钳子管道　　　　图4-39 钳子管道开口见毛刷并清洗

(9) 循环灌洗内镜全管道（图4-40～42）：安装管道塞和管道灌流器，在控制面板上点击"清洗"按钮，对送气/送水管道、吸引管道、钳子管道内灌注清洗液，灌洗时间应遵循产品说明书。

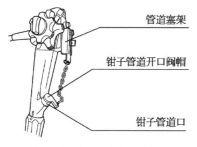

管道塞架

钳子管道开口阀帽

钳子管道口

图4-40 安装管道塞及灌流器

 注 意

★ 循环灌洗内镜气管道时，注意观察喷嘴喷出的水是否为一条直线，若注气/注水管道或喷嘴堵塞，可见喷嘴喷水不畅、歪斜或无水喷出，此时应进行疏通。

图 4‑41　点击控制面板"清洗"按钮

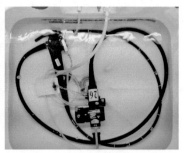

图 4‑42　循环灌洗内镜全管道

(10) 排尽内镜各管道内清洗液：灌洗结束后(清洗剂品牌及种类不同，灌洗时间不同，需根据产品说明书使用)，排放清洗槽内清洗液。自动灌流器充气 30 秒以排尽送气/送水管道、吸引管道、钳子管道内清洗液。20 ml 注射器对冲洗管注入 2 次(40 ml)空气以排尽副送水管道内清洗液(图 4‑43)。

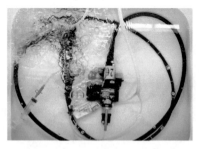

图 4‑43　清洗液灌注后自动充气

 注 意

★ 清洗液应每清洗一条内镜后更换。

4. 漂洗

目的: 在消毒前充分漂洗干净内镜并去除液体残留。

(1) 扫描记录: 扫描内镜 ID 卡,记录内镜漂洗时间。

(2) 充分漂洗内镜外表面及镜面: 在流动水下反复用纱布垫擦洗内镜外表面及镜面(图 4 - 44)。

图 4 - 44 流动水下擦洗

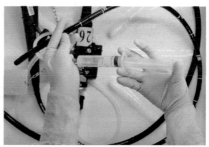

图 4 - 45 冲洗副送水管道

(3) 充分漂洗副送水管道: 用 20 ml 注射器对副送水管道至少冲洗 4 次(80 ml)(图 4 - 45)。

(4) 循环漂洗内镜全管道: 点击控制面板"循环"按钮,向送气/送水管道、吸引管道、钳子管道灌洗 30 秒。

(5) 排尽内镜各管道内水分: 灌洗结束后,自动灌流器充气 30 秒以排尽送气/送水管道、吸引管道、钳子管道内水分。

注 意

★ 尽可能吹干内镜外表面及管道内水分,防止稀释消毒液。

用 20 ml 注射器对冲洗管注入 2 次(40 ml)空气以排尽副送水管道内水分。

(6) 去除内镜外表面水分：用纱布垫彻底擦干内镜外表面(图 4 - 46)，高压气枪吹净内镜角度钮部位残余水分(图 4 - 47)。

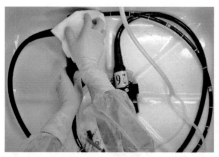

图 4 - 46　纱布彻底擦干　　　　图 4 - 47　高压气枪吹干内镜角度钮部位

5. 高水平消毒

《WS507 - 2016 软式内镜清洗消毒技术规范》

6.1.2　软式内镜及重复使用的附件、诊疗用品应遵循以下原则进行分类处理：

a) 进入人体无菌组织、器官，或接触破损皮肤、破损黏膜的软式内镜及附件应进行灭菌；

b) 与完整黏膜相接触，而不进入人体无菌组织、器官，也不接触破损皮肤、破损黏膜的软式内镜及附属物品、器具，应进行高水平消毒；

c) 与完整皮肤接触而不与黏膜接触的用品宜低水平消毒或清洁。

以下各章节消毒环节均应遵循此原则进行分类处理。

目的：杀灭一切细菌繁殖体，包括分枝杆菌、病毒、真菌及其孢子和绝大多数细菌芽孢。

本小节以邻苯二甲醛(OPA)为例对内镜进行高水平消毒。

(1) 消毒剂浓度测试：不同产品浓度测试方法、时间与阅读结果时间不同，需仔细阅读产品说明书，并严格遵照执行。本消毒剂浓度测试条测试部垂直浸入消毒剂中，1秒后取出，保持垂直置于纱布

注 意

★ 浓度测试不合格，不论消毒剂是否已到使用期限，均应立即更换。

或纸上，以免多余溶液滴出。设定计时器开始计时，90秒后阅读结果。指示条测试部完全呈紫色，表示溶液浓度仍高于0.3%的最低有效浓度，测试结果合格。如果指示卡测试部分呈现蓝色或不均匀蓝色，表示溶液已经低于0.3%的最低有效浓度，测试结果不合格。

图 4-48　测试条测试部垂直浸入消毒液中

图 4-49　对比测试部颜色进行判断

(2) 扫描记录：扫描内镜ID卡(图4-50)，记录内镜消毒时间。

图 4-50　扫描 ID 卡

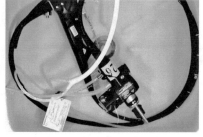

图 4-51　放入内镜

（3）消毒液灌注副送水管道：将内镜置于消毒槽并完全浸没于消毒液中,连接灌流器(图 4-51,图 4-52)。用 20 ml 注射器对冲洗管灌注 2 次(40 ml)消毒液,直至副送水管道无气泡溢出为止(图 4-53)。

图 4-52　连接灌流器

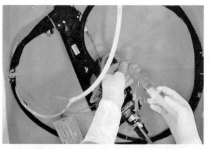

图 4-53　副送水管道灌注消毒液

（4）浸泡消毒：盖上消毒槽盖,点击控制面板"灌注"按钮(图 4-54),确认送气/送水管道、吸引管道、钳子管道内灌注满消毒液并确认无气泡冒出后,关闭"灌注"按钮,开始计时(图 4-55)。不同种类和

 注 意

★ 消毒槽均应加盖,减少消毒液挥发。

★ 所有灌流器管道均应浸没于消毒液中。

图 4‑54 启动/关闭"灌注"按钮

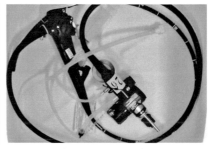

图 4‑55 所有灌流管均浸没于消毒液中

品牌的消毒剂消毒时间不同,需根据消毒剂使用说明书规定时间进行消毒。

(5) 消毒结束,排尽内镜各管道内消毒液:更换手套并冲洗干净手套外表面滑石粉(或直接佩戴无粉手套),无菌干纱布垫擦干手套上的水。打开消毒槽盖,连接灌流器后盖上槽盖,点击控制面板"吹气"按钮,自动灌流器充气 30 秒以排尽送气/送水管道、吸引管道、钳子管道内消毒液。打开槽盖,20 ml 注射器对冲洗管注入 2 次(40 ml)空气以排尽副送水管道内消毒液(图 4‑56~58)。

图 4‑56 纯化水冲洗手套外表面滑石粉

图 4‑57 点击吹气按钮进行吹气

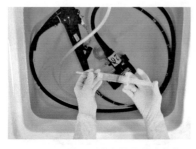

图4-58　排尽副送水管道内消毒液

★ 如未及时更换手套,也可能造成内镜的再次污染。

★ 打开消毒槽盖及盖上消毒槽盖需按照无菌原则进行,戴手套的手不能直接接触槽盖。

6. 终末漂洗

目的: 彻底冲洗干净内镜各管道及外表面,避免消毒液的残留。

(1) 单股水流终末漂洗:适用于安装有水龙头及自动灌流器的内镜机构。

1) 扫描记录:扫描内镜ID卡,记录终末漂洗时间。建议终末漂洗槽内放满水后,将内镜移入槽内,连接灌流器。

2) 灌洗副送水管道:用20 ml注射器对冲洗管灌注4次(80 ml)终末漂洗水冲洗副送水管道。

3) 灌洗送气/送水管道、吸引管道及钳子管道:点击控制面板"循环"按钮,持续灌洗内镜送气/送水管道、吸引管道及钳子管道至少2分钟。同时用纱布垫在水面下擦洗内镜外表面及镜面(图4-59)。

★ 消毒剂种类不同,终末漂洗时间不同,需根据产品说明书设置终末漂洗时间。

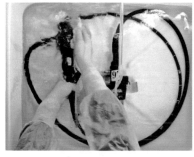

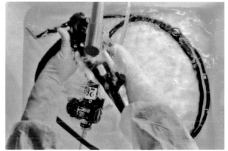

图 4-59　水面下擦洗内镜外表面　　　图 4-60　流动水下擦洗内镜外表面

4) 流动水下漂洗内镜:排放终末漂洗槽内水,在流动水下继续擦洗内镜外表面及镜面(图 4-60)。

5) 排尽管道内水分:自动灌流器充气 30 秒以排尽送气/送水管道、吸引管道、钳子管道内水分。用 20 ml 注射器对冲洗管注入 2 次(40 ml)空气以排尽副送水管道内水分。

(2) 喷淋式终末漂洗:适用于安装有喷淋式清洗槽的内镜机构。

1) 扫描记录:扫描内镜 ID 卡,记录终末漂洗时间。将内镜移入终末漂洗槽内,连接灌流器。

2) 灌洗内镜副送水管道(图 4-61):用 20 ml 注射器对冲洗管灌注 4 次(80 ml)终末漂洗水冲洗副送水管道。

图 4-61　注射器冲洗副送水管道

(3) 漂洗内镜:盖好槽盖,点击控制面板"循环"按钮,喷淋式漂洗内镜外表面,同时循环灌注内镜送气/送水管道、吸引管道至少 2 分钟。

图 4-62　内镜置于喷淋槽中　　　　图 4-63　喷淋式终末漂洗

（4）排尽内镜管道内水分：自动灌流器充气 30 秒以排尽送气/送水管道、吸引管道、钳子管道内水分。打开槽盖，用 20 ml 注射器对冲洗管注入 2 次(40 ml)空气以排尽副送水管道内水分。

7. 干燥

目的：去除内镜残留水分。

（1）扫描记录：扫描内镜 ID 卡记录内镜清洗消毒结束时间，取下管道灌流器、冲洗管和管道塞。

（2）吹干(图 4-64，图 4-65)：将内镜置于铺设无菌超细纤维毛巾的干燥台

★ 吹干时无菌毛巾覆盖内镜先端部、光导接头和操作部，减少气溶胶的形成。

上，用压力气枪吹干内镜各管道和操作部角度控制旋钮，无菌巾擦干表面水分。无菌巾每 4 小时至少更换一次，必要时及时更换。

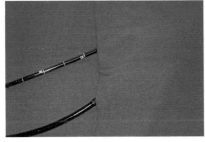

图 4 - 64 覆盖先端部和光导接头

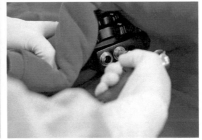

图 4 - 65 高压气枪吹干内镜

（3）乙醇溶液干燥内镜各管道：使用 75％乙醇溶液灌注并吹干所有管道（包括钳子管道、吸引管道、送水/送气管道、副送水管道、抬钳器钢丝管道等）（图 4 - 66～68）。

图 4 - 66 75％乙醇溶液灌注吸引管道

图 4 - 67 75％乙醇溶液灌注送水/送气管道

图 4 - 68 75％乙醇溶液灌注副送水管道

(4) 乙醇溶液干燥内镜外表面：用75％乙醇溶液纱布擦拭内镜外表面(图4-69)。

图4-69　75％乙醇溶液纱布擦拭内镜

注 意

★ 乙醇溶液干燥内镜外表面步骤不是必需步骤,必要时可选择进行。

★ 乙醇溶液干燥后内镜储存详见第七章。

(5) 安装内镜按钮及阀门(图4-70)：安装吸引按钮、送水/送气按钮和钳子管道开口阀,置于消毒内镜转运车上备用。

图4-70　安装内镜按钮及阀门

8. 内镜阀门及按钮的清洗消毒

每次使用后的钳子管道开口阀、吸引按钮、送气/送水按钮等内镜附件均应进行清洗、消毒等处理。

(1) 内镜钳子管道开口阀、吸引按钮、送气/送水按钮等全部放入按比例配置的清洗液中。

(2) 使用合适的清洗刷在清洗液液面下进行刷洗。

1) 送气/送水按钮(图4-71):短毛刷插入按钮中部小孔内,旋转式来回刷洗。按下活塞,刷洗橡皮套内表面、密封垫。短毛刷插入按钮上部小孔,旋转式来回刷洗(图4-72)。环形刷洗橡皮套上弹簧。重复几次,直到完全去除所有可见污物,清洗刷毛。

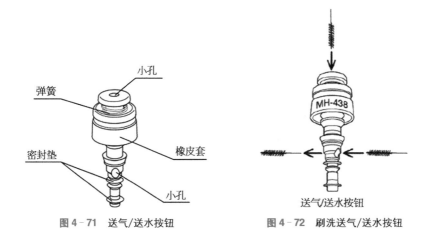

图4-71 送气/送水按钮　　图4-72 刷洗送气/送水按钮

2) 钳子管道开口阀(图4-73):打开开口阀盖,短毛刷插入主体内侧,

旋转式来回刷洗(图4-74)。环形刷洗开口阀盖孔和外侧边缘、主体开口处,重复几次,直到完全去除所有可见污物,清洗刷毛。

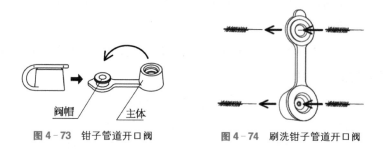

图4-73　钳子管道开口阀　　　　图4-74　刷洗钳子管道开口阀

　　3) 吸引按钮(图4-75):短毛刷插入按钮下部小孔内,旋转式来回刷洗(图4-76)。按下活塞,短毛刷插入按钮中部小孔内,旋转式来回刷洗。刷洗橡皮套内表面、橡皮套上弹簧。重复几次,直到完全去除所有可见污物,清洗刷毛。

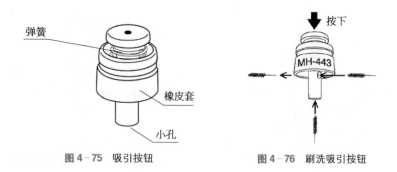

图4-75　吸引按钮　　　　　　图4-76　刷洗吸引按钮

　　(3) 清洗液浸泡:反复按下和松开送气/送水按钮,吸引按钮的活塞,挤

压钳子管道开口阀主体,确认已除去所有气泡。用 20 ml 注射器冲洗所有部件的内部和小孔处,直到没有气泡冒出。开始计时,浸泡时间应遵循产品说明书。浸泡结束后流动水下彻底清洗内外表面(图4-77~79)。

图 4-77 冲洗送气/送水按钮小孔

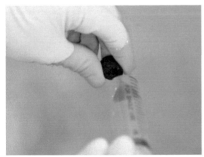

图 4-78 冲洗钳子管道开口阀内部

图 4-79 冲洗吸引按钮内部

(4) 超声震荡清洗(图 4-80):超声震荡仪内清洗液按比例配置,所有部件放入震荡仪内震荡清洗 10 分钟。

超声振荡功率:33~48 kH$_2$。

(5) 漂洗吹干:超声振荡后取出送气/送水按钮,吸引按钮和钳子管道开口阀,流动水下冲洗干净后用纱布垫擦干水分或气枪吹干。

(6) 消毒:将按钮、阀门完全浸没于消毒液中,反复按下和松开送气/送水按钮、吸引按钮的活塞,挤压钳子管道开口阀主体,确认已除去所有气泡

图 4 - 80   超声震荡清洗

(图 4 - 81~83)。用 20 ml 注射器冲洗所有部件的内部和小孔处,直到没有气泡冒出。开始计时消毒。

图 4 - 81   反复按下和松开送气/送水按钮

注 意

★ 内镜按钮、阀门可以和内镜一起消毒,也可单独浸泡消毒。

图 4 - 82   挤压钳子管道开口阀主体

图 4 - 83   反复按下和松开吸引按钮内部

（7）终末漂洗：消毒结束后取出所有部件，流动水充分漂洗干净。

（8）干燥：对送气/送水按钮、吸引按钮、钳子管道开口阀等进行逐个吹干或小纱布垫擦干，检查密封垫、橡皮套、开口阀盖有无破损。当日不再使用的部件分类存放于相应容器内。

图 4-84　分类放置内镜阀门及按钮

注 意

★ 存放按钮阀门的容器每日需清洗、消毒、干燥。

9. 胃肠镜手工清洗消毒操作流程视频

见视频 4。

视频 4　　　　　　　　　扫 码 观 看

— 57 —

 十二指肠镜手工清洗消毒操作流程

十二指肠镜与胃肠镜结构不同,在细长的抬钳器管道中有抬钳器钢丝通过,前端的抬钳器部分以及可拆卸的先端帽结构复杂,是清洗消毒的难点。本章节以 Olympus TJF-260V 十二指肠镜为例,主要说明十二指肠镜特殊结构部分的清洗消毒方法,与胃肠镜相同部分不再叙述。

本章节以邻苯二甲醛为例对十二指肠镜进行高水平消毒。

1. 先端帽的拆卸

(1) 检查抬钳器控制旋钮,向"◄U" 相反方向旋转抬钳器控制旋钮到头(图 4-85)。

 注 意

★ 抬钳器升起状态进行先端帽拆卸可能损伤先端帽及内镜。

图 4-85 先端部钳器降下状态

图 4-86 捏住先端帽顶部

(2) 左手轻握弯曲部,右手大拇指、示指和中指捏住先端帽顶端(图4-86)。

(3) 拆卸:

1) 一推:将先端帽向内镜先端部竖直推入约 1 mm 或直到先端帽底端盖住白边(图4-87)。

2) 二旋:逆时针旋转先端帽 3~4 mm 到头(图4-88)。

图 4-87　先端帽底端盖住白边

3) 三拔:右手轻柔卸下先端帽(图4-89)。

图 4-88　逆时针旋转先端帽

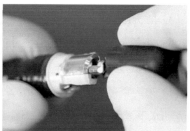

图 4-89　拔下先端帽

2. 先端帽清洗

(1) 清洗外表面:先端帽浸没于按比例配置的清洗液中,软毛牙刷在清洗液液面下彻底清洗先端帽外表面,直到去除所有污物(图4-90)。

（2）清洗先端帽内部(图4-91)：
小毛刷插入先端帽内部,左右旋转式
清洗内部金属片及橡皮套。

图4-90　清洗先端帽外表面

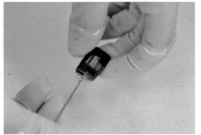

图4-91　清洗先端帽内部

（3）清洗液浸泡：20 ml注射器在清洗液液面下冲洗先端帽开口处,防止内部微小气泡影响清洗效果。计时浸泡,浸泡时间应遵循产品说明书。浸泡结束后流动水下冲洗干净。

（4）超声震荡：放入按比例配置的清洗液中超声震荡清洗10分钟,取出,流动水下漂洗干净(图4-92,图4-93)。

图4-92　先端帽放入超声震荡仪中

图4-93　流动水下彻底冲洗干净

3. 抬钳器管道及先端部清洗

（1）将冲洗管安装在抬钳器管道塞上（图4-94）。

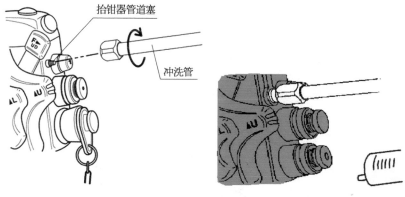

抬钳器管道塞

冲洗管

图4-94　安装冲洗管

（2）冲洗抬钳器管道：20 ml注射器连接冲洗管,向抬钳器管道灌注清洗液多次（至少达到40 ml）,一边灌注冲洗,一边升降抬钳器至少3次,直至无可见污染物（图4-95）。

（3）建议使用两种不同型号的清洗刷对先端部进行刷洗：

1）刷洗导丝锁定槽、凹槽和钳子管道出口：向"U"相反方向旋转抬钳器控制旋钮到头,降下抬钳器,同时保持弯曲部平直,刷子插入内镜先端部的钳子管道开口来回刷洗抬钳器钢丝及钳子管道开口

★ 先端部刷洗重点：导丝锁定槽、钳子管道开口凹槽、抬钳器两侧和内部凹槽。

凹槽,直到去除所有污物(图4-96~98)。

图4-95 抬钳器管道灌注清洗液

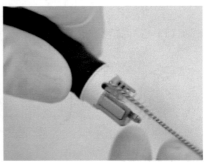

图4-96 刷洗抬钳器导丝锁定槽

图4-97 刷洗钳子管道开口

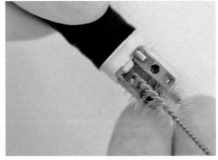

图4-98 刷洗抬钳器钢丝

2)刷洗抬钳器两侧和内部凹槽:用牙刷刷洗抬钳器两侧、抬钳器内部凹槽和抬钳器的中轴周围,刷此处时注意保护镜面(图4-99~101)。

 注 意

★ 用毛刷彻底刷洗后,务必目测确认抬钳器钢丝没有折断。如果抬钳器钢丝折断,会导致患者或操作者受伤。

图 4 - 99 刷洗抬钳器两侧

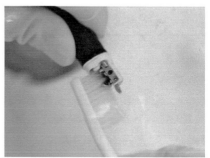

图 4 - 100 刷洗抬钳器内部凹槽

图 4 - 101 刷洗抬钳器中轴周围

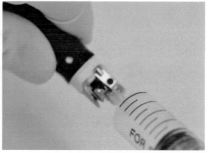

图 4 - 102 注射器冲洗抬钳器开口

(4) 清洗液浸泡：20 ml 注射器在清洗液液面下向先端部钳子管道开口处冲洗至少 2 次(40 ml)，一边灌注冲洗，一边升降抬钳器至少 3 次(图 4 - 102)。计时浸泡，浸泡时间应遵循产品说明书。

(5) 排尽抬钳器管道内清洗液：用注射器向抬钳器管道送气(至少 20 ml)，以去除管道内的清洗液。

(6) 漂洗抬钳器管道：将十二指肠镜移入漂洗槽内，在流动水下用注射

图4-103　抬钳器管道注水

器向抬钳器管道注水多次(至少达到 40 ml),一边灌注冲洗,一边升降抬钳器至少 3 次(图 4-103)。

(7) 漂洗先端部:在流动水下冲洗先端部,同时不断升降抬钳器(图 4-104)。

图4-104　流动水冲洗先端部

图4-105　抬钳器管道充气

(8) 排尽抬钳器管道内水分:用注射器向抬钳器管道送气多次(至少 20 ml),以去除管道内的水分(图 4-105)。

4. 十二指肠镜的消毒

(1) 向抬钳器管道灌注消毒液:用注射器向抬钳器钢丝管道灌注消毒液多次(至少 20 ml),一边灌注一边升降抬钳器,直到抬钳器先端部没有气泡冒

出为止(图4-106)。

(2)先端部周围灌注消毒液：用20ml注射器灌注先端部开口，同时升降抬钳器至少3次，确认所有气泡已排出(图4-107)。

图4-106　抬钳器管道内灌注消毒液

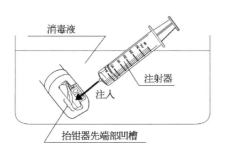

消毒液

注射器

注入

抬钳器先端部凹槽

抬钳器

图4-107　先端部灌注消毒液

(3)先端帽的消毒：将先端帽浸泡消毒液中，使用注射器向先端帽和凹陷内部灌注消毒液，确保所有气泡排出，擦去表面的微小气泡(图4-108，图4-109)。

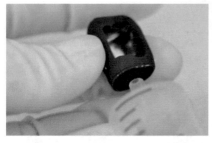

图 4-108　向先端帽底部灌注消毒液　　　图 4-109　向先端帽内部灌注消毒液

（4）盖上消毒槽盖,计时浸泡。

 注 意

★ 根据消毒剂使用说明书时间进行浸泡消毒。

5. 十二指肠镜的终末漂洗

（1）漂洗抬钳器管道:不断升降抬钳器,同时用注射器向抬钳器管道灌注 40 ml 终末漂洗水以冲净消毒液,注入空气吹干(图 4-110)。

图 4-110　注射器灌注终末漂洗水清洗抬钳　　图 4-111　流动水下冲洗先端部
　　　　　器管道

(2) 漂洗先端部：在流动水下不断冲洗先端部的内部及外表面，同时升降抬钳器，彻底冲洗干净(图 4－111)。

(3) 漂洗先端帽：在流动水下不断冲洗先端帽的内部及外表面(图 4－112)。

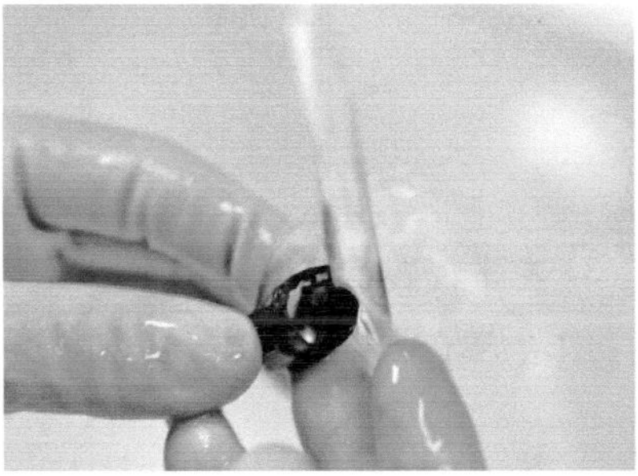

图 4－112　流动水下彻底冲洗先端帽

6. 先端帽的安装

(1) 检查先端帽的型号与十二指肠镜型号匹配(图 4－113)。

图 4－113　检查先端帽与内镜型号

注意

★ MAJ－311 匹配 Olympus TJF－260 V 十二指肠镜，型号不符或破损的先端帽可能在检查中脱落，导致裸露的先端部损伤患者黏膜。

(2) 确认先端帽内金属片与橡皮套完好、无脱落、无破损(图 4－114)。

图 4 - 114　确认先端帽完好

（3）左手轻握弯曲部，右手大拇指、示指和中指捏住先端帽顶部。将内镜白边上的黑色指示标记与先端帽上的指示标记对齐（图 4 - 115）。

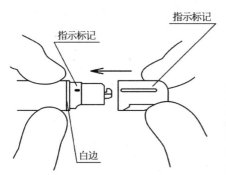

图 4 - 115　先端帽指示标记与白边上的黑色指示标记对齐

（4）安装：

1）一推：先端帽竖直推入内镜先端部，直到先端帽边缘接触到白边。

2）二旋：左手握紧靠近先端的弯曲部，将先端帽按入先端部约1 mm以覆盖

　注　意

★ 如果先端帽推至白边时不能旋转，可能是没有被充分按入，需重新安装。

白边,同时顺时针旋转先端帽 3～4 mm 到头。

3) 三拉:轻轻向先端帽顶端方向拉拽先端帽,先端帽完全罩在内镜先端部上,露出先端部白边,先端帽安装完成。

★ 先端帽右旋后回拉,先端帽脱出,说明标记线对位不正确、先端帽右旋不充分,需重新安装。

图 4‑116　一推二旋三拉

(5) 确认内镜先端部和先端帽之间没有空隙(图 4‑117),确认先端帽与内镜的导光束表面平行(图 4‑118)。

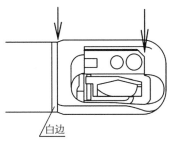

图 4‑117　先端帽与先端部无空隙

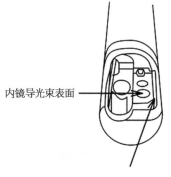

内镜导光束表面

图 4‑118　先端帽与导光束平行

（6）握住先端帽底端，旋转并调节指示标记至平直位置（图 4‑119）。

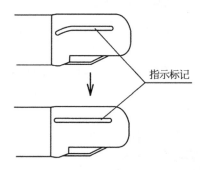

指示标记

图 4‑119　调节标记至平直位置

（7）确认先端帽底端没有异常伸展，并且先端部的白边显露完整（图 4‑120）。

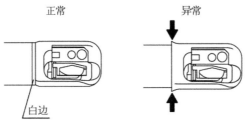

图 4‐120 检查白边是否完全可见

(8) 轻轻拉拽先端帽,确认先端帽和内镜先端部安装紧密(图 4‐121)。

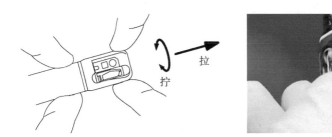

图 4‐121 轻拉先端帽确认是否安装紧密

(9) 升降抬钳器 3 次,确认抬钳器没有被先端帽卡住及遮挡(图 4‐122)。

图 4‐122 确认抬钳器没有被先端帽卡
住及遮挡

（10）确认内镜图像中完全看不到先端帽任何部位（图4-123）。

★ 如在内镜图像中可以看到部分先端帽边缘，说明先端帽没有正确安装，应取下重新安装。

图 4-123　先端帽正确安装内镜下视野

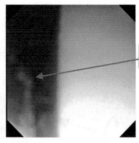

先端帽边缘可见

图 4-124　安端帽安装不到位内镜下视野

7. 十二指肠镜手工清洗消毒操作流程视频

见视频5。

视 频 5

扫 码 观 看

超声内镜手工清洗操作流程

超声内镜临床使用日趋广泛,但其抬钳器、水囊管道等结构复杂,且前端超声换能器易损坏,是清洗消毒难点。本章节以 Olympus GF‑UCT260 型超声胃镜的清洗为例,阐述超声内镜特殊结构部分的清洗方法,与胃肠镜、十二指肠镜相同的清洗消毒部分将不再叙述。

1. 床旁预处理

(1) 取下水囊

1) 使用干纱布轻轻擦干水囊表面。

2) 用指尖在超声换能器背面揭起水囊的后端。取下水囊时,请勿在超声换能器表面挤压水囊。否则超声换能器可能损坏,导致超声图像异常(图 4‑125)。

3) 取下水囊丢弃,再次确认超声换能器的表面没有划伤(图 4‑126)。

水囊送水口

水囊安装槽

图 4‑125 先端部结构

(2) 钳子管道和水囊管道的负压冲洗

1) 将插入部先端浸入床旁预处理清洗液中。按下吸引按钮到第 1 档,向钳子管道中进行约 30 秒的清洗液吸引。然后完全按下吸引按钮,向水囊管道进行约 30 秒的清洗液吸引。

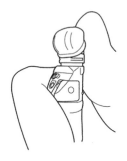

图 4 - 126   取下水囊

2) 将插入部先端从清洗液中取出。按下吸引按钮到第 1 档,向钳子管道中进行 10 秒钟的空气吸引。然后完全按下吸引按钮,向水囊管道进行 10 秒钟的空气吸引。

(3) 水囊管道、送气/送水管道的冲洗

1) 完全按下送气/送水按钮,在水囊管道中注入水,冲洗水囊管道中残留的液体(图 4 - 127)。

> **注 意**
>
> ★ 送气/送水管道清洗接头为 Olympus MAJ - 629。

图 4 - 127   冲洗水囊管道中残留的液体

图 4 - 128   安装送气/送水管道清洗接头

2) 将光源的送气调节按钮设至"OFF"(关闭)处,取下送气/送水按钮,装上送气/送水管道清洗接头(图4-128)。

3) 将送气调节按钮设到最大输出"H"(高)。

4) 将插入管先端浸泡在清洗液中,按下送气/送水管道清洗接头向管道中送水30秒钟,松开送气/送水管道清洗接头向管道中送气10秒钟或更长(图4-129,图4-130)。

图4-129　调节送气按钮

图4-130　水囊管道送水、送气

(4) 超声内镜的拆卸:关闭光源、EVIS图像处理装置、超声系统(图4-131),退出注气注水瓶接头(图4-132),拔除吸引管(图4-133),分离电

图4-131　关闭光源、EVIS图像处理装置、超声系统

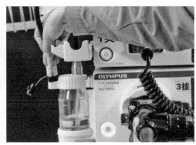

图4-132　退出注气注水瓶接头

子内镜电缆与超声电缆内镜端接头(图4－134),将内镜与主机撤离(图4－135),安装防水盖,放入污染转运车内。

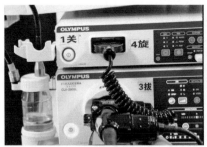

图4－133 拔除吸引管

图4－134 旋转分离电子内镜电缆与超声电缆内镜端接头

图4－135 内镜与主机撤离

2. 水囊管道刷洗流程

(1) 使用水囊管道专用清洗刷插入吸引活塞侧壁,直至水囊安装槽末端(图4－136,图4－137)。

水囊管道专用清洗刷型号: Olympus BW－7。

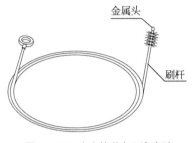

金属头

刷杆

图 4 - 136 水囊管道专用清洗刷

图 4 - 137 刷洗水囊管道

(2) 将清洗刷拉出管道,并在清洗液中清洗刷毛。反复清洗直至完全除去所有污物。

3. 超声内镜手工清洗操作流程视频

见视频 6。

视频 6

扫 码 观 看

四 双腔镜手工清洗操作流程

双腔镜有两个钳子管道,且 3.7 mm 钳子管道先端有抬钳器开口,是清洗消毒的难点。本章节以 Olympus GIF‐2T240 型双腔胃镜清洗消毒为例,阐述特殊结构部分的清洗方法,与胃肠镜、十二指肠镜、超声内镜相同部分将不再叙述。

1. 双腔钳子管道清洗流程

(1) 刷洗吸引活塞开口:双腔镜浸没于按比例配置的清洗液中(图 4‐138),使用短毛刷依次插入吸引活塞 A 孔(图 4‐139)、B 孔(图 4‐140),旋转式刷洗,并清洗刷毛。重复几次,直至完全去除所有污物。

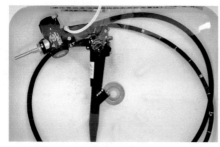

图 4‐138　双腔镜浸没于清洗液中

图 4‐139　短毛刷刷洗吸引活塞 A 孔

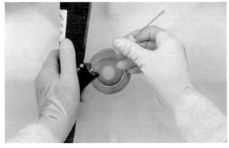

图4-140　短毛刷刷洗吸引活塞B孔　　　　图4-141　降下抬钳器

(2) 刷洗钳子管道：向"U"相反方向旋转抬钳器控制旋钮到头(图4-141)，降下抬钳器。清洗刷依次插入吸引活塞A孔(图4-142)、B孔(图4-143)，直至刷头从内镜先端部钳子管道出口处伸出。在清洗液中清洗刷毛，拉出清洗刷后再次清洗刷毛，反复清洗至无可见污物。

图4-142　刷洗钳子管道A孔　　　　图4-143　刷洗钳子管道B孔

2. 先端部清洗流程

(1) 纱布垫擦洗内镜先端部外表面污物(图4-144)。

图 4-144　纱布擦拭镜面

（2）使用两种不同型号的清洗刷对先端部进行刷洗。

1）刷洗抬钳器钢丝及内部凹槽：旋转抬钳器控制旋钮,以降下抬钳器（图4-145）,插入短毛刷来回刷洗抬钳器钢丝及内部凹槽。反向旋转抬钳器控制旋钮升起抬钳器,来回刷洗抬钳器背面,直到去除所有污物。

2）刷洗先端部外表面和抬钳器内部凹槽：用软毛牙刷刷洗抬钳器表面、抬钳器内部凹槽和抬钳器中轴周围,刷洗此处时注意保护镜面（图4-146）。

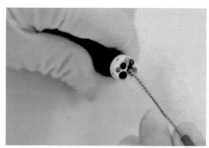

图 4-145　降下抬钳器刷洗开口处

图 4-146　刷洗先端部外表面

（3）冲洗先端部抬钳器开口：20 ml注射器在清洗液液面下向先端部钳子管道开口处冲洗至少2次（40 ml）（图4-147）,一边灌注冲洗,一边升降抬钳器至少3次。

其他按十二指肠镜相同步骤执行。

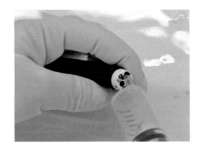

图 4 - 147　冲洗先端部钳子管道开口

3. 钳子管道开口阀的清洗

(1) 钳子管道开口阀由三部分组成：主体、2 个阀帽和吸引转换开关 (图 4 - 148)。

图 4 - 148　拆卸钳子管道开口阀

钳子管道开口阀型号：Olympus MAJ - 419。

(2) 将钳子管道开口阀拆分至最小单元,置于清洗液内。逐个用毛刷仔细刷洗所有孔道及凹槽,清洗方法同内镜按钮与阀门。

4. 钳子管道开口阀的安装

(1) 确认钳子管道开口阀各部件没有开裂、断开、变形、变色或其他损

坏(图 4 - 149)。

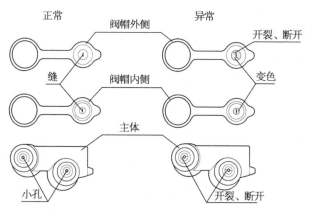

图 4 - 149   检查钳子管道开口阀

(2) 将两个阀帽安装在主体上,盖上阀帽。将吸引转换开关插入主体到头,旋转,确认卡在钳子管道开口阀固定槽内(图 4 - 150,图 4 - 151)。

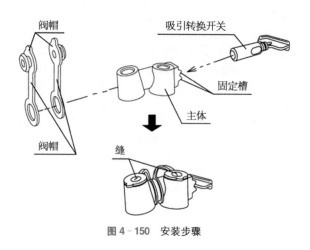

图 4 - 150   安装步骤

注 意

★ 吸引转换开关须完全按入钳子管道开口阀。否则,旋拧吸引转换开关时,不能正确转换吸引钳子管道。

图4-151 安装后开口阀

(3) 确认吸引转换开关安装紧密,并可以灵活旋转。

(4) 安装钳子管道开口阀于内镜钳子管道开口(图4-152)。

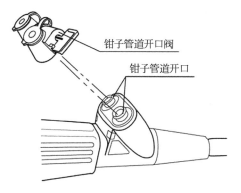

钳子管道开口阀

钳子管道开口

图4-152 安装开口阀至内镜

5. 双腔镜手工清洗操作流程视频

见视频 7。

视频 7

扫 码 观 看

第五章

内镜自动清洗消毒机操作流程

 强生 ASP ENDOCLENS－NSX 内镜自动清洗消毒机操作流程

自动清洗消毒机临床应用日趋广泛,可有效减少人为因素等对内镜清洗消毒效果的影响。下面以强生 ASP ENDOCLENS－NSX 内镜自动清洗消毒机为例。

1. 强生 ASP ENDOCLENS－NSX 内镜自动清洗消毒机操作流程

《WS507－2016 软式内镜清洗消毒技术规范》

6.3.1 使用内镜清洗消毒机前应先遵循 6.2.1、6.2.2、6.2.3、6.2.4 的规定对内镜进行预处理、测漏、清洗和漂洗。

6.3.2 清洗和漂洗可在同一清洗槽内进行。

6.3.3 内镜清洗消毒机的使用应遵循产品使用说明。

(1)检查、启动:检查清洗剂、消毒剂、75％乙醇溶液是否足够。点击开机按钮,启用自动清洗消毒机(图 5－1,图 5－2)。

图 5－1 检查清洗剂及乙醇溶液

图 5－2 检查消毒剂

(2) 扫描记录: 依次扫描洗消员 ID 卡、内镜 ID 卡,记录洗消员信息、内镜信息和清洗消毒开始时间(图 5 - 3～5)。

图 5 - 3　扫描洗消员 ID 卡

图 5 - 4　扫描内镜 ID 卡

图 5 - 5　打开水盆盖

(3) 连接管道塞与灌流器: 内镜经床旁预处理和手工清洗、漂洗步骤后放入内镜自动清洗消毒机。连接管道塞与灌流器,包括副送水管道/抬钳器管道(图 5 - 6,图 5 - 7)。

图 5‐6　连接灌流器　　　　　　　　图 5‐7　连接管道塞

(4) 放入按钮、阀门：将内镜按钮和阀门等放入附件篮中(图 5‐8)。

图 5‐8　按钮、阀门放入附件篮内

(5) 检查确认：确保没有内镜部件或连接管被压在水盆盖和水盆之间。

(6) 选择程序，单击右键开始自动清洗消毒流程：见图 5‐9。

图 5‐9　强生 ASP ENDOCLENS‐NSX 内镜自动清洗消毒机再处理步骤

(7) 消毒后再次检查: 清洗消毒完毕后,机器自动停止。打开水盆盖,检查所有管道灌流器与管道塞是否连接在内镜上;若连接管脱落需重新连接管道并重新进行清洗消毒。

(8) 取出吹干: 将内镜与管道灌流器、管道塞(包括副送水管道及抬钳器管道)分离后,取出内镜,扫描结束并记录时间。再次手工吹干。

2. 消毒剂浓度监测

(1) 自动清洗消毒程序开始约10分钟后洗涤阶段结束,待机器水盆内灌满消毒液后,打开水盆盖左下方监测口盖。

(2) 用镊子夹取试纸,浸入消毒液1秒取出,90秒后观察监测结果。关闭盖口,以防止消毒液的挥发与溢出(图5-10,图5-11)。

图5-10 试纸浸入消毒液

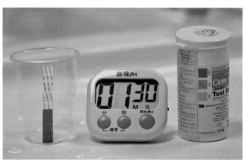

图5-11 倒计时监测消毒剂浓度

3. 强生 ASP ENDOCLENS－NSX 内镜 自动清洗消毒机操作流程视频

见视频 8。

视频 8　　　　　　　　扫 码 观 看

 ## MEDIVATOR ADVANTAGE PLUS 内镜自动清洗消毒机操作流程

　　该自动清洗消毒机使用过氧乙酸(PAA)对内镜进行消毒、灭菌,分为 A 剂和 B 剂。A 剂为过氧乙酸原液,B 剂为缓释剂,消毒、灭菌时按照 1∶1∶ 44 的稀释比例对 A 剂、B 剂及水进行配置,一用一排放。不仅可用于普通 内镜的高水平消毒,还可于治疗内镜的灭菌。不同品牌的过氧乙酸配比及 使用方法不同,需根据产品使用说明书比例进行配置和使用。

1. MEDIVATOR ADVANTAGE PLUS 内镜自动清洗消毒机操作流程

(1) 检查、启动：打开机器储存柜门,检查清洗剂、消毒剂、75％乙醇溶液是否足够(图5-12)。点击开机按钮,启用自动清洗消毒机。

图5-12 检查消毒剂、清洗剂、酒精

(2) 连接模块接口：选择洗消模块连接于洗消槽对应接口,将内镜放入洗消槽中(图5-13,图5-14)。

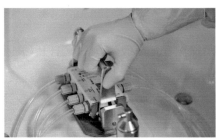

图5-13 连接洗消模块于机器洗消槽对应接口

图5-14 放入内镜于洗消槽内

（3）将内镜各端口与洗消模块对应管道相连（图5-15）。

图5-15 内镜各端口与洗消模块对应的腔道
管道相连

（4）扫描记录：点击菜单键，扫描内镜洗消员ID，记录洗消员信息。

（5）从主菜单中选择"Endoscope"，按下"OK"键。

（6）扫描内镜ID，记录内镜信息和清洗消毒时间。按下"开始"键启动程（图5-16）。

图5-16 MEDIVATOR ADVANTAGE PLUS 内镜自动清洗消毒机清洗消毒步骤

（7）清洗消毒流程完成，屏幕提示操作者打开槽盖。按下"打开/关闭上盖"键，扫描内镜洗消员ID条码，记录洗消员信息。

（8）上盖自动打开，检查所有连接模块管道仍连接在内镜上，若连接管脱落需重新连接管道后进行自动清洗消毒流程。将内镜与连接模块、管道插塞分离（包括副送水管道及抬钳器管道）后取出内镜，扫描结束，记录结束时间。手工再次吹干。

2. 消毒剂浓度监测

消毒程序结束时,屏幕提示操作者消毒液取样并测试浓度,按照以下步骤采用试纸测试消毒液的最低有效浓度。

(1) 使用一次性塑料杯从消毒液取样处取出一部分消毒液样品(图5-17)。

图5-17 从消毒液取样处取出消毒液样品

(2) 将 PPA 测试试纸浸入消毒液样品中1秒(图5-18)。

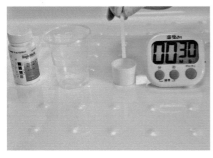

图5-18 PPA测试试纸浸入消毒液样品中

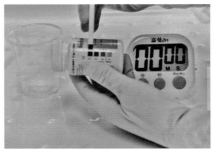

图5-19 试纸颜色与试纸瓶上比色卡对照

— 93 —

(3) 30秒后阅读结果,将试纸颜色与试纸瓶上比色卡对照(图5-19)。

(4) 浓度合格,按下"pass"键,继续终末漂洗步骤。浓度不合格,说明机器清洗消毒程序出现故障,须按下"fail"键,重新启动清洗消毒流程。

3. MEDIVATOR ADVANTAGE PLUS 内镜自动清洗消毒机操作流程视频

见视频9。

视频9   扫 码 观 看

第六章

内镜相关附件处理流程

1. 内镜可重复使用器械处理流程

内镜可重复使用器械管道狭长,结构微小、精密,在灭菌前均需进行严格的手工清洗。本章节以 Olympus HX‐110LR 夹子装置的处理流程为例进行阐述。

(1) 清洗手柄、螺旋鞘管及操作丝:夹子装置放入清洗液中,仔细擦洗手柄、螺旋鞘管等。用软毛牙刷刷洗挂钩和操作丝,直至无肉眼无可见污物(图6‐1,图6‐2)。

★ 夹子装置盘曲直径不能小于 20 cm,否则可能损坏器械。

图6‐1 擦洗手柄、螺旋鞘管

图6‐2 毛刷刷洗挂钩和操作丝

(2) 清洗内芯腔道:在清洗液液面下来回推动装置滑动把手(图6‐3),使清洗液与夹子装置内芯充分接触。

(3) 清洗液浸泡:计时浸泡,浸泡时间应遵循产品说明书。浸泡结束后流动水下彻底冲洗。

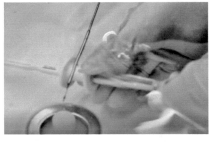

图6-3　清洗液中来回推动把手　　　图6-4　夹子装置超声震荡

（4）超声震荡清洗：超声震荡仪内按比例配置清洗液,放入震荡仪内震荡清洗10分钟后取出,流动水漂洗干净(图6-4)。

（5）润滑内芯腔道：擦干外表面水分,放入按比例配置的水溶性润滑液中,来回推送夹子装置滑动把手数次,直至润滑液充分润滑装置内腔道(图6-5)。

（6）吹干：擦干夹子装置外表面,高压气枪吹干(图6-6)。

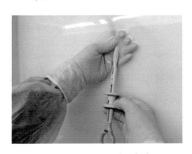

图6-5　来回推动手柄部

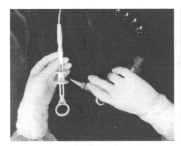

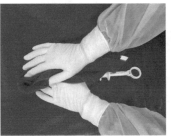

图6-6　擦干/吹干夹子装置水分

(7) 干燥：放入 70 ℃的干燥箱内烘干,时间为 10 分钟。

(8) 打包、灭菌：打包后送供应室进行高压蒸汽灭菌或环氧乙烷灭菌,灭菌后的储存应符合无菌物品储存规定(图 6 - 7)。

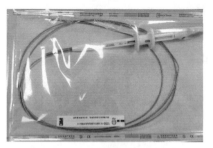

图 6 - 7　高压蒸汽灭菌前的装袋

> **注 意**
>
> ★ 根据器械说明书规定的灭菌方法选择相应的灭菌方式。不同的灭菌方式应选择相应的包装袋及灭菌指示卡。

2. 内镜清洗刷处理流程

清洗刷每刷洗完一根内镜后应进行清洗消毒,可以和内镜同时进行清洗消毒,也可单独进行清洗消毒处理。

(1) 放入按比例配置的清洗液中,反复揉搓清洗刷毛。计时浸泡,浸泡时间应遵循产品说明书。清洗液浸泡结束后流动水下彻底冲洗。

(2) 超声震荡仪内放入按比例配置的清洗液,震荡清洗 10 分钟(图 6 - 8)。

(3) 从超声震荡仪中取出,流动水下冲洗干净后放入含有效氯 500 mg/L 含氯

图 6 - 8　清洗刷放入震荡仪内震荡清洗

消毒液或其他适用的消毒液中浸泡消毒。

（4）冲洗干净,悬挂备用（图6-9）。

图6-9　清洗刷悬挂备用

3. 注水注气瓶处理流程

每日诊疗完毕后,注水注气瓶需彻底清洗后再进行高水平消毒或灭菌处理。

（1）注水注气瓶卸下后在流动水下清洗内外表面,注水注气瓶管道使用高压水枪进行冲洗,直至无肉眼可见污物（图6-10）。

★ 不同品牌的注水注气瓶消毒灭菌方式不同,可采用高压蒸汽或环氧乙烷灭菌,需仔细阅读产品说明书。

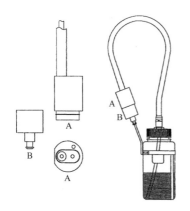

图6-10　高压水枪冲洗注水注气瓶管道

(2) 高压气枪吹干后行高水平消毒或高压蒸汽灭菌、环氧乙烷灭菌(图6-11,图6-12)。

图6-11 高水平消毒后放置备用

图6-12 环氧乙烷灭菌注水注气瓶

 注 意

★ 存放高水平消毒的注水注气瓶容器需每日清洗、消毒、干燥。

★ 灭菌后的注水注气瓶储存应符合无菌物品储存规定。

4. 内镜相关附件处理流程视频

见视频10。

视频10

扫码观看

第七章

内镜储存与保养

当日不再使用的内镜,干燥后悬挂存放于储存库(柜)。

1. 储存区环境要求

《WS507 - 2016 软式内镜清洗消毒技术规范》

5.4　内镜与附件储存库(柜):内表面应光滑、无缝隙,便于清洁和消毒。

6.1.4 f) 每日诊疗工作开始前,应对当日拟使用的消毒类内镜进行再次消毒、终末漂洗、干燥后,方可用于患者诊疗。

参照无菌物品存放区要求,储存区相对湿度应低于 70%,温度应低于 24 ℃。储存库(柜)墙面/内壁表面光滑、无缝隙,且需要满足避光、干燥、清洁要求(图 7 - 1)。

图 7 - 1　温湿度表监测内镜储存区

2. 内镜维护和保养

(1) 检查内镜角度钮:使用内镜专业尺检查内镜角度钮是否到位(图 7 - 2~4)。

图7-2 弯曲部置于0°

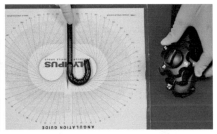

图7-3 旋转内镜角度控制旋钮(上)

图7-4 旋转内镜角度控制旋钮(下)

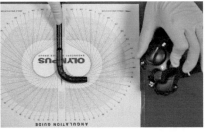

图7-5 旋转内镜角度控制旋钮(左)

图7-6 旋转内镜角度控制旋钮(右)

（2）检查内镜有无损伤：检查内镜表面有无咬痕；内镜先端部镜面有无污渍及损伤；检查先端部物镜、导光束盖玻璃有无损伤。

图7-7 检查先端部物镜有无损伤

3. 储存方式

（1）内镜储存前，取下防水盖并确认内镜表面和所有管道完全干燥。悬挂镜体，弯角固定钮置于自由位，肠镜软硬度调节环置于0位（图7-8～10）。

注　意

★ 建议防水盖需取下保存。

图7-8 角度钮置于自由位

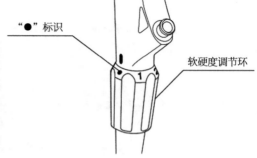

"●" 标识

软硬度调节环

图7-9 软硬度调节环标识

图 7 - 10　软硬度调节环置于 0 位　　　　图 7 - 11　内镜悬挂储存

（2）内镜先端部自然下垂悬挂。

4. 储存库(柜)清洁

　　储存库(柜)每天早晚使用空气消毒机消毒,消毒期间避免人员的走动。墙面、镜柜内外表面、镜托、镜架等每周用含有效氯 500 mg/L 的含氯消毒液擦拭消毒,30 分钟后再用清水擦拭干净。

图 7 - 12　等离子空气消毒机消毒　　　　图 7 - 13　每周擦拭镜托

★ 等离子空气消毒机可部分杀灭空气中微生物,同时具有良好的净化除尘效果,达到《医院消毒卫生标准》中规定的Ⅱ类环境空气要求。

5. 内镜储存与保养视频

见视频11。

视频 11 　　　　　　　　　扫 码 观 看

第八章

诊疗结束后的环境、设备 及管道终末处理流程

《WS 367 - 2012 医疗机构消毒技术规范》

C. 10. 2. 2. 1　将待消毒的物品浸没于装有含氯消毒剂溶液的容器中，加盖。对细菌繁殖体污染物品的消毒，用含有效氯 500 mg/L 的消毒液浸泡 >10 分钟，对经血传播病原体、分枝杆菌和细菌芽孢污染物品的消毒，用含有效氯 2 000～5 000 mg/L 消毒液，浸泡 >30 分钟。

C. 10. 2. 2. 2　擦拭法　大件物品或其他不能用浸泡消毒的物品用擦拭消毒，消毒所用的浓度和作用时间同浸泡法。

每日诊疗及清洗消毒工作结束后，应对环境进行清洁和消毒处理，包括清洗消毒室内所有设备设施、物体表面等。

1. 清洗槽、漂洗槽终末处理

(1) 每日工作结束后取下灌流器，流动水下分别用纱布垫、短毛刷、牙刷清洁水槽内壁及接头，直至无肉眼可见污物(图 8 - 1，图 8 - 2)。

图 8 - 1　拆卸灌流器

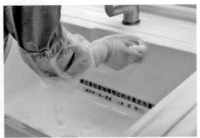

图 8 - 2　纱布擦拭水槽

(2) 水槽接头用蘸有含有效氯 500 mg/L 消毒液的短毛刷、牙刷刷洗，

槽体浸泡消毒 30 分钟(图 8 - 3,图 8 - 4)。

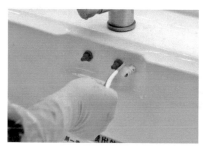
图 8 - 3 牙刷刷洗槽体接头部

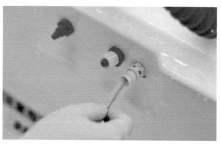
图 8 - 4 短毛刷刷洗槽体接头部

(3) 再次在流动水下清洁水槽内壁及接头,擦干槽体。

注 意

★ 终末漂洗槽需使用无菌巾擦干。

2. 消毒槽终末处理

消毒槽在每次更换消毒液时进行清洁、消毒处理。

(1) 排尽消毒槽内消毒液。

(2) 流动水下清洗消毒槽槽体、接头及槽盖,直至无肉眼可见污物(图 8 - 5)。

(3) 消毒槽接头用蘸有含有效氯 500 mg/L 消毒液的短毛刷、牙刷进行刷洗,槽体浸泡消毒 30 分钟,流动水冲洗干净。

(4) 无菌巾擦干后倒入消毒液。

图 8 - 5　流动水洗净消毒槽槽体、接头及槽盖

3. 控制面板、干燥台面终末处理

每日用含有效氯 500 mg/L 的消毒液擦拭,30 分钟后再用清水擦拭干净。

4. 管道灌流器及管道插塞终末处理

(1) 每日终末处理

1) 拆下所有的灌流管及管道塞。

2) 流动水及高压水枪冲洗干净内外表面(图 8 - 6)。

图 8-6 擦洗外表面

图 8-7 20 ml 注射器灌注内管腔

　　3) 浸没于含有效氯 500 mg/L 的消毒液中,浸泡消毒 30 分钟,注意使用 20 ml 注射器灌注内管腔,确保管腔内充满消毒液(图 8-7,图 8-8)。

图 8-8 浸泡于含有效氯 500 mg/L 的消毒液中

图 8-9 压力水枪冲洗

　　4) 消毒结束后流动水及高压水枪冲洗干净内外表面,晾干备用(图 8-9)。

　　(2) 建议每周一次深度处理

　　1) 拆开灌流器接头、管道及各关节部位至最小单元,全部放入按比例配置的清洗液中。

2）使用合适的清洗刷在清洗液液面下刷洗管道内管腔,毛刷刷洗接头部缝隙直至无肉眼可见污物。

3）清洗液浸泡：使用20 ml注射器灌注内管腔,确保管腔内充满清洗液。计时浸泡,浸泡时间应遵循产品说明书。清洗液浸泡结束后流动水下彻底冲洗。

4）浸没于含有效氯500 mg/L的消毒液中,浸泡消毒30分钟,注意使用20 ml注射器灌注内管腔,确保管腔内充满消毒液。

5）消毒结束后取出所有部件,流动水及高压水枪冲洗干净内外表面,晾干备用。

图 8-10　清洗刷刷洗内管腔

图 8-11　清洗刷刷洗接头

图 8-12　浸泡消毒30分钟

5. 其他物品终末处理

(1) 预处理用桶：流动水下彻底清洗干净，放入含有效氯 500 mg/L 的消毒液中浸泡消毒 30 分钟，冲洗晾干备用。

(2) 敷料缸等：清洗干燥后打包行高压蒸汽灭菌。

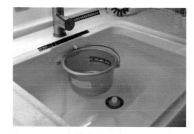

图 8-13　预处理用桶的浸泡消毒

6. 内镜自动清洗消毒机终末处理

(1) 检查机器：每日工作结束后关闭内镜自动清洗消毒机电源，检查各管道是否完好。

(2) 机器内可拆卸管道的处理：内镜自动清洗消毒机全管道灌流器、附送水管道/抬钳器管道灌流器需每天拆下清洗，消毒液浸泡消毒后冲洗晾干备用(图 8-14，图 8-15)。必要时定期送供应室进行灭菌处理。

注 意

★ 如管道灌流器出现老化等问题，需及时进行更换。

(3) 槽体的处理：每日工作结束后用含有效氯 500 mg/L 的消毒液擦拭，包括清洗消毒槽内部、接头部位、出水口部位、盖子内表面、盖子外表面、电脑操作面板等，30 分钟后再用清水擦拭干净(图 8-16)。

图 8-14　内镜自动清洗消毒机灌流器

图 8-15　清洗管道灌流器

图 8-16　含氯消毒液擦拭机器

7. 强生 ASP ENDOCLENS - NSX 内镜 自动清洗消毒机常规自身消毒流程

内镜自动清洗消毒机自身消毒指在机器空载时,对机器内液体输送系统、腔体、水槽和其他部件进行消毒的操作程序。自身消毒是清洗消毒机获得最佳性能、保证清洗消毒质量的重要步骤。

(1)常规自身消毒时间:正常使用的机器应根据产品说明书规定时间

进行自身消毒,一般为每周一次。设备维护维修后,需先进行自身消毒,并经生物学培养采样合格后方可使用。

(2) 常规自身消毒操作流程

1) 安装灌流器管道至水盆内所有端口,测漏端口除外。管道末端置于水盆中,确保所有部位均未阻塞或扭结,不要将连接管的输出端直接放在排水端口上。

注意

★ 根据使用的消毒剂种类及相应的消毒时间选择消毒液浸泡时间。

2) 关闭机盖,选择"常规自身消毒"按钮,启动常规自身消毒程序。

图 8 - 17 强生 ASP ENDOCLENS - NSX 内镜自动清洗消毒机常规自身消毒流程

8. 强生 ASP ENDOCLENS - NSX 内镜 自动清洗消毒机整机消毒流程

整机自身消毒程序是对机器内部所有液体通道进行清洗和消毒,消毒完成后消毒液排空至污水处理管道,机器滤水器滤芯需同时更换。

(1) 整机自身消毒时间:在每次更换机器滤水器滤芯前或清洗消毒机闲置时间较长时,应进行整机自身消毒。当需要进行整机自身消毒时,清洗消毒机也会显示提示信息。

(2) 整机消毒流程:见图 8 - 18。

图 8‑18 强生 ASP ENDOCLENS‑NSX 内镜自动清洗消毒机整机自身消毒流程

★ 每次进行整机自身消毒后均要更换滤水器。不同品牌要求不同,需仔细阅读产品说明书并遵照执行。

9. 诊疗结束后的环境、设备及管道终末处理流程视频

见视频 12。

视频 12

扫 码 观 看

第九章

内镜清洗、消毒质量监测

 内镜消毒质量监测

《WS 507-2016 软式内镜清洗消毒技术规范》7.3.1 消毒内镜应每季度进行生物学监测。监测采用轮换抽检的方式，每次按 25% 的比例抽检。内镜数量≤5 条的，应每次全部监测；内镜数量>5 条的，每次监测数量应不低于 5 条。

每次监测时尽量选择不同型号、不同种类的内镜，每条内镜至少监测 1 次/年，建议治疗内镜每月监测一次。

1. 用物准备

(1) 无菌巾、无菌手术衣、无菌手套、口罩、帽子。

(2) 50 ml 注射器。

(3) 打火机、酒精灯。

(4) 集液瓶：经高压蒸汽灭菌。

(5) 含相应中和剂的洗脱液，不同种类消毒剂使用的中和剂不同。

1) 含氯消毒剂、过氧化物消毒剂用含 0.1% 硫代硫酸钠中和剂。

2) 洗必泰、季铵盐类消毒剂用含 0.3% 吐温 80（聚山梨酯 80）和 0.3% 卵磷脂中和剂。

3) 醛类消毒剂用含 0.3% 甘氨酸中和剂。

4) 含有表面活性剂的各种复方消毒剂可在中和剂中加入吐温 80 至 3%。

2. 采样时间

在内镜消毒或灭菌后、使用前进行采样。清洗消毒机新安装或维修后、更换消毒剂品牌、引进新内镜、内镜维修后,应对内镜进行监测,监测合格后方可使用。

★ 当怀疑医院感染与内镜诊疗操作相关时,应进行致病性微生物检测。

3. 采样部位

(1) 钳子管道。

(2) 副送水管道。

(3) 抬钳器钢丝管道。

4. 采样方法

(1) 停止其他操作,减少人员走动。铺设无菌台,戴口罩、帽子,穿无菌手术衣,戴无菌手套。

(2) 取清洗消毒后内镜,无菌注射器抽取 50 ml 含相应中和剂的无菌洗脱液,从被检内镜活检口注入冲洗内镜管道,出口收集全量洗脱液。注射器向管腔内注入空气,以排尽管腔内残留洗脱液。

★ 遵循 GB 15982 规定。

| 图9-1 使用50 ml注射器抽吸洗脱液 | 图9-2 注入洗脱液 |

（3）洗脱液充分混匀，取2.0 ml分别接种于两个平皿，每皿1.0 ml，培养计数；剩余洗脱液在无菌条件下采用滤膜(0.45 μm)过滤浓缩，滤膜贴于营养琼脂培养基平皿上，培养计数。

★ 采样液2小时内送检，如不能立即送检，应4 ℃保存。

5. 评价标准

（1）菌落计数公式

1）当滤膜法不可计数时，菌落总数(CFU/件)＝平板的平均菌落数×50。

★ 监测结果应登记在册，保存期限≥3年。

2）当滤膜法可计数时，菌落总数(CFU/件)＝平板总菌落数＋滤膜上菌落数。

（2）高水平消毒合格标准：细菌总数≤20CFU/件。

（3）灭菌合格标准：未检出细菌(无菌检验合格)。

6. 内镜消毒质量监测视频

见视频 13。

视频 13　　　　　　　　扫 码 观 看

二 内镜清洗质量监测

《WS 507-2016 软式内镜清洗消毒技术规范》7.1 内镜清洗质量监测

7.1.1　应采用目测方法对每件内镜及其附件进行检查。内镜及其附件的表面应清洁、无污渍。清洗质量不合格的,应重新处理。

7.1.2　可采用蛋白残留测定、ATP 生物荧光测定等方法,定期监测内镜的清洗效果。

1. 目测法

目测漂洗后的内镜表面及其关节有无血渍、污渍、水垢等残留。

2. 三磷酸腺苷(ATP)生物荧光检测试验

三磷酸腺苷(ATP)生物荧光检测间接反映微生物或有机物含量,可以快速监测内镜清洗前后细菌残留量,用于评估内镜清洗的有效性。

(1) 使用检测棒从钳子管道入口插入至内镜先端部,检测棒头端插入ATP监测仪进行检测。

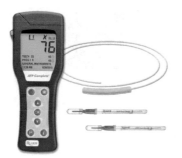

图 9-3 ATP检测仪及检测棒

图 9-4 检测棒由钳子管道入口插入

(2) 评价标准:ATP≤200RLU。不同品牌的检测仪评价标准不一样,应严格按照厂家说明和标准进行评价。

(3) 记录结果,针对每一步的清洗效果及时进行改善。

注 意

★ 检测值>标准值时,内镜需重新进行清洗步骤。

3. 蛋白残留测定

包括对清洗后内镜残留血红蛋白、蛋白质、碳水化合物的检测。

（1）按照产品要求，将显色试剂块蘸取漂洗后内镜器械管道或轴节处表面水珠。

（2）1分钟后观察结果：显色试剂块不变色者为"－"，全部或局部出现不同程度的绿色均视为"＋"，表示有残留蛋白，颜色越深表示残留蛋白质越多，需要重新清洗或检测。

4. 内镜清洗质量监测视频

见视频14。

视频 14　　　　　　　　扫 码 观 看

 三　清洗用水生物学监测

1. 采样时间

必要时检测，建议每月1次，或和内镜消毒质量监测时间一致。

2. 采样部位

终末漂洗槽、清洗消毒机管道流出的水(图 9 - 5)。

图 9 - 5　终末漂洗槽水龙头出口水

3. 菌落计数采样方法

酒精灯火焰在出水龙头表面烧灼 3～5 秒或用 75％乙醇溶液擦拭消毒,弃去前 5 分钟管道内流出的,使用无菌采样瓶按无菌操作原则采集 100 ml 水样送检(图 9 - 6)。

图 9 - 6　无菌液体采样瓶

4. 评价标准

终末漂洗用水：细菌总数≤10CFU/100 ml；无菌水：无菌生长。

5. 清洗用水生物学监测视频

见视频15。

视频15　　　　　　扫 码 观 看

四 使用中的消毒剂或灭菌剂监测

1. 浓度监测

《WS 507 - 2016 软式内镜清洗消毒技术规范》

7.2.1 浓度监测

7.2.1.1　应遵循产品使用说明书进行浓度监测。

7.2.1.2 产品说明书未写明浓度监测频率的,一次性使用的消毒剂或灭菌剂应每批次进行浓度监测;重复使用的消毒剂或灭菌剂配制后应测定一次浓度,每次使用前进行检测;消毒内镜数量达规定数量的一半后,应在每条内镜消毒前进行测定。

7.2.1.3 酸性氧化电位水应在每次使用前,应在使用现场酸性氧化电位水出水口处,分别测定 pH 和有效氯浓度。

2. 染菌量监测

(1) 采样时间: 每季度监测 1 次。

(2) 采样方法

1) 无菌吸管按无菌操作方法吸取 1 ml 被检消毒液,加入 9 ml 中和剂混匀。

2) 用无菌吸管吸取一定稀释比例的混合液 1.0 ml 接种平皿,将冷至 40~45 ℃的熔化营养琼脂培养基每皿倾注 15~20 ml,36 ℃±1 ℃恒温箱培养 72 小时后计菌落数;必要时分离致病微生物。当怀疑与医院感染暴发有关时,应进行目标微生物的检测。

(3) 结果判断

1) 计算公式:

消毒剂染菌量(CFU/ml)=平均每皿菌落数×10×稀释倍数

2) 使用中灭菌液: 无菌生长。

3) 使用中消毒液: ≤100CFU/ml,不得检出致病性微生物。

注意: 采样后 4 小时内检测。

3. 使用中的消毒剂或灭菌剂监测视频

见视频 16。

视频 16 　　　　　扫 码 观 看

本书著者与致谢

见视频 17。

视频 17 　　　　　扫 码 观 看

参考文献

［1］中华医学会消化内镜分会清洗与消毒学组. 中国消化内镜清洗消毒专家共识意见[J]. 中华消化内镜杂志, 2014,31(11)：617‑623.

［2］中华人民共和国国家标准. 生活饮用水卫生标准 GB 5749‑2006 [S].2006.

［3］中华人民共和国国家标准. 内镜自动清洗消毒机卫生要求 GB 30689‑2014[S].2014.

［4］Nelson D B, Jarvis W R, Rutala W A, et al. Multi‑society guideline for reprocessing flexible gastrointestinal endoscopes［J］. Infection Control & Hospital Epidemiology the Official Journal of the Society of Hospital Epidemiologists of America, 2003,24(7)：532‑537.

［5］马久红,黄茜,汤胜男等. 内镜清洗刷对铜绿假单胞菌清除效果的研究[J]. 中国消毒学杂志, 2014, 31 (12)：1288‑1290.

［6］宋燕,姚荷英,徐君露. 软式内镜清洗消毒质量控制现状分析[J]. 护士进修杂志,2015(9)：789—791.

［7］张荣欣. 内镜感染的危险因素及对策[J]. 中华医院感染学杂志,2013, 23(8)：1974—1974.

［8］Lawrence, Muscarella. Risk of transmission of carbapenem‑resistant Enterobacteriaceae and related "super‑bugs" during gastrointestinal endoscopy [J]. World Journal of Gastrointestinal Endoscopy, 2014,6(10)：457‑474.

［9］Ribeiro M M, Oliveira A C D. Analysis of the air/water channels of gastrointestinal endoscopies as a risk factor for the transmission of microorganisms among patients [J]. American Journal of Infection Control, 2012,40(10)：913‑916.

［10］Public Health Agency of Canada. 2010. Infection Prevention and Control Guideline for Flexible Gastrointes-

tinal Endoscopy and Flexible Bronchoscopy. Canada. http://www. phac-aspc. gc. ca/nois-sinp/guide/endo/pdf/endo-eng. pdf

[11] 中华人民共和国卫生行业标准. 医院消毒供应中心管理规范 WS 310. 1－2016[S]. 2016.

[12] 中华人民共和国卫生部. 医院消毒卫生标准 GB 15982－2012 [S]. 2012.

[13] 胡国庆, 段亚波. GB 15982－2012《医院消毒卫生标准》新变化[J]. 中国感染控制杂志, 2013, 12(1): 1—4.

[14] Griffith C J, Cooper R A, Cooke R P. Real-time monitoring in managing the decontamination of flexible gastrointestinal endoscopes. [J]. American Journal of Infection Control, 2005, 33(33): 202－206.

[15] Fernando G, Collignon P, Beckingham W. ATP bioluminescence to validate the decontamination process of gastrointestinal endoscopes [J]. Healthcare Infection, 2014, 19(2): 59－64.

[16] 中华人民共和国卫生部. 医疗机构消毒技术规范 WS/T 367－2012[S]. 2016. http://www. nhfpc. gov. cn/zwgkzt/s9496/201204/54510/files/2c7560199b9d42d7b4fce28eed1b7be0. PDF

[17] 田村君英. 日本消化内镜清洗与消毒指南[EB/OL]. http://www. csde. org. cn/news/detail. aspx? article_id=1982.

[18] Greenwald. Gastrointest Endoscope Clin N Am[J]. 2010: 20: 603－614.

[19] Fusasaki, T Nishahara, K Iwakoshi. A case of anaphylaxis following colonoscopy caused by OPA [J]. Japanese journal of occupational medicine and traumatology, 2007, 5: 201－205.

[20] NormanMiner, Valerie Harris, Natalie Lukomski, et al. Rinsability of Orthophthalaldehyde from Endoscopes [J]. Diagnostic and Therapeutic Endoscopy, 2012, 05: 1－7.

[21] Rideout K., Teschke K., Dimich-Ward H., et al. Considering risks to healthcare workers from glutaraldehyde alternatives in high-level disin-

fection [J]. Journal of Hospital Infection, 2005,59(1): 4 - 11.

[22] Spinzi G. , Fasoli R. , Centenaro R. , et al. The SIED Lombardia Working Group. Reprocessing in digestive endoscopy units in Lombardy: Results of a regional survey [J]. Digestive and Liver Disease, 2008,40(11): 890 - 896.

[23] Ofstead CL, Wetzler HP, Doyle EM, et al. Persistent contamination on colonoscopes and gastroscopes detected by biologic cultures and rapid indicators despite reprocessing performed in accordance with guidelines [J]. American Journal of Infection Control, 2015, 43(8): 794 - 801.

[24] Greenwald DA. Ambulatory endoscopy centers: infection-related issues [J]. Techniques in Gastrointestinal Endoscopy, 2011,13(4): 217 - 223.

[25] Shih HY, Wua DC, Huang WT. Glutaraldehyde-induced colitis: Case reports and literature review [J]. The Kaohsiung Journal of Medical Sciences, 2011,27,2: 577 - 580.

[26] Dietze B, Neumann H, Mansmann U, et al. Determination of glutaraldehyde residues on flexible endoscopes after chemothermal treatment in anendoscope washer-disinfector. Endoscopy, 2001,33.

[27] Sheibani S, Gerson LB. Chelnical colitis [J]. J Clin Gastroenterol, 2008,42: 115 - 121.